JN135634

A N I M A L　S C I E N C E

林 良博・佐藤英明・眞鍋 昇［編］

第2版

アニマルサイエンス❶

ウマの動物学

近藤誠司［著］

東京大学出版会

Animal Science of Horses 2nd Edition
(Animal Science 1)
Seiji KONDO
University of Tokyo Press, 2019
ISBN978-4-13-074021-0

刊行にあたって

アニマルサイエンスは，広い意味で私たち人類と動物の関係について考える科学である．対象となるのは私たちに身近な動物たちである．かれらは，産業動物あるいは伴侶動物として，人類とともに生きてきた．そして，私たちに「食」を「力」をさらに「愛」を与え続けてくれた．私たちは，おそらくこれからもかれらとともに生きていく．私たちにとってかけがえのない動物たちの科学，それがアニマルサイエンスである．

しかし，かつてはたしかに私たちの身近にいたかれらは，しだいに遠ざかろうとしている．私たちのまわりには，「製品」としてのかれらはたくさん存在するが，「生きもの」としてのかれらを目にする機会はどんどん減っている．そして，研究・教育・生産の現場からもかれらのすがたは消えつつある．20 世紀における生物学の飛躍的な発展は，各分野の先鋭化や細分化をもたらした．その結果，動物の全体像はほとんど理解されないまま，たんなる「材料」としてかれらが扱われるという状況を産み出してしまった．

アニマルサイエンスの研究・教育の現場では，いくつかの深刻な問題が生じている．研究・教育の対象とするには，産業動物は大きすぎて高価であり，飼育にも困難が伴うため，十分な頭数が供給されない．それでも，あえてかれらを対象に研究を進めようとすると，小動物を対象とする場合よりもどうしても論文数が少なくなる．そのため若手研究者が育たず，結果として産業動物の研究者が減少している．また，伴侶動物には動物福祉の観点からの制約がきわめて多いため，代替としてマウスやラットなどの実験動物を使って研究・教育を組み立てざるをえない状況にある．一方，生産の現場では，生産性の向上，健康の維持管理など，動物の個体そのものにかかわる問題が山積しているにもかかわらず，先鋭化・細分化する研究・教育の現場とうまくリンクすることができない．このような状況のなかで，動物の全体像を理解することの重要性への認識が強まっている．

本シリーズは，私たちにとって産業動物や伴侶動物とはなにか，そしてかれらと私たちの未来はどうあるべきかについて，ひとつの答を探そうとして企画された．アニマルサイエンスが対象とする動物のなかからウマ，ウシ，イヌ，ブタ，ニワトリの５つを選び出し，ひとつの動物について著者がそれぞれの動物の全体像を描き上げた．個性あふれる動物観をもつ各巻の著者は，研究者としての専門分野の視点を生かしながら，対象とする動物の形態，進化，生理，生殖，行動，生態，病理などのさまざまなテーマについて，最新の研究成果をふまえてバランスよく記述するよう努めた．各巻のいたるところで表現される著者の動物観は，私たちと動物の関係を考えるうえで豊富な示唆を与えてくれることだろう．また，全５巻を合わせて読むことにより，それぞれの動物の全体像を比較しながら，より明確に理解することができるだろう．

各巻の最終章において，アニマルサイエンスが対象とする動物の未来について，さらにかれらと私たちの未来について，編者との熱い議論をふまえて，大胆に著者は語った．アニマルサイエンスにかかわるあらゆる人たちに，そして動物とともにある私たち人類の未来を考えるすべての人たちに，本シリーズが小さな夢を与えてくれたとしたら，それは編者にとってなにものにもかえがたい喜びである．

第２版の刊行にあたっては，諸般の事情により，大阪国際大学人間科学部の眞鍋昇教授に編者として加わっていただいた．

林　良博・佐藤英明

目次

第1章 草原のランナー
進化と家畜化

1.1 進化の教科書――ウマの進化

ウマは人類にたくさんの偉大な貢献をしている．先史時代は狩猟対象として，そして現在はわれわれ日本人やフランス人グルメを喜ばせる馬刺やタルタルステーキとして，人類に食料を提供し続けている．ウマは家畜化された後，ヒトとは比べものにならぬほどのその強大な力と移動の速度をもってして，農耕や通商，さらには戦争において，従来の様相を一変させた．ウマはまた，形態の美しさで数々の芸術作品のモチーフに選ばれ，人類に文化的貢献をなしている．そしてウマに乗る楽しみは個人の楽しみから，さらには乗馬療法として，社会的な福祉にさえ大きく貢献している．

ウマは近代科学の進展にも非常に大きな貢献をしている．進化論である．いわゆるウマとその祖先の化石が，19 世紀の中ごろから続々と進化の道筋をたどるように発見されなければ，ダーウィンの進化論も容易に科学界の社会的認知を得ることができなかったかもしれない．著名な古生物学者である米国のシンプソン博士は，その著書のなかで「多くの博物館に展示されている古代馬から現代馬にいたるまでのみごとな動物の系列こそ，偏見をもたない人に対し，進化が1つの事実であることを確信させるためのやはりもっとも簡単な方法である」と述べている（シンプソン 1989）．

ダーウィンが『自然淘汰による種の起源，または生存競争における種の保存』という表題の本を刊行したのは 1859 年である．いわゆる『種の起源』として知られている書物である．「生物は進化する」という考え方は，それまでの概念を一変させるようなコペルニクス的大転回であった．しかし，じつはこうした考え方は，それ以前にも科学者たちの間で少しずつ醸し出されてきていたものらしい．ダーウィンの業績は，こうした「どうも生物は時空系で少しずつ変化しているらしいぞ」という科学者の間の漠然

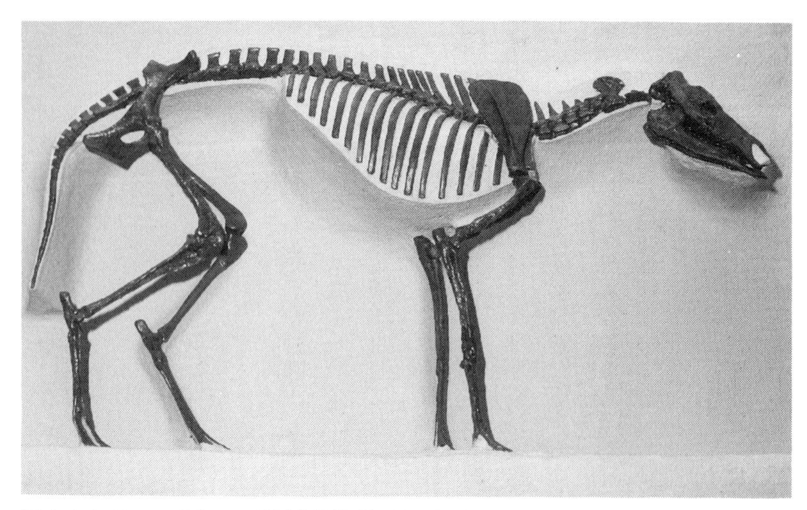

図 1-1 ヒラコテリウムの復原骨格模型（馬の博物館所蔵）

とした思いを理論的にとりまとめ，王立科学院での熾烈な論争に耐えうる理論に構築したことであったといえる．科学者間の漠然としたアイデアとダーウィンの理論に加え，このころに連続して発見された古代馬の一連の化石が，進化論の大きな道筋をつくったといっても過言ではないだろう．

ダーウィンが進化論を発表する20年前，後述のヒラコテリウムが発見されている（図1-1）．そして進化論発表後20年を経ずして，これが現代馬の祖先であることを示すためのほぼ完全に連続した一連の中間生物の存在が，化石学者たちにより論証されている．実際，キツネ程度の大きさのヒラコテリウムから現代馬までの変化を博物館などにおいて復元標本でみると，一種の感動を覚える．

こうしたウマ類の進化に伴う変化について，古生物学者コルバートは以下のような特徴をあげている（コルバート 1972）．

①体の大型化
②脚や足の長さの増加
③外側の指の退化と中央部の指の強大化
④背がまっすぐに，がっしりとした体格に変化

⑤切歯の幅の増加
⑥小臼歯の大臼歯化
⑦頬歯の歯冠の高さの増加
⑧歯の咬合面の複雑化
⑨頬歯の歯冠の高さの増加に伴う頭骨全部・下顎骨の変化
⑩同上の変化に伴い頭骨顔面の目より前の部分が長く変化
⑪脳の大きさと複雑さの増加

こうした特徴は現代馬に典型的にみることができる．九州地方では，大きなものをみたときの感動をいまだに「ウマんごとある」というそうだが，脚の長いすらりとした美しい姿態とともに現代馬を表現するこうした形容は，コルバートの論述した特徴①，②，④と一致する．

ウマの足先は蹄でひとかたまりになっていることはだれでもみてとれるが，じつはこれが第三指が発達したものである．臼歯の発達は結果的に現代でもウマの年齢を知るたいへん便利な指標となっている（図1–2）．俗に「ウマズラ」といわれるようにウマは顔が長く，そして大きい．

こうした変化は急激に起こったものではなく，およそ5000万年の年月を経て，徐々に起こったもので，ヒラコテリウムから現代馬にいたるまで，さまざまなウマ類が地球に出現し，そして滅びていった．さて，そこでこの章では，最初のウマであるヒラコテリウムから現代馬までの「中間の生物」を簡単に紹介し，現代のウマにいたる進化の道筋をたどってみよう．すなわち，およそ5500万年前のヒラコテリウムもしくはエオヒップスから，3600万年前の3指馬であるメソヒップスの仲間，1000万年前から始まる鮮新世についに現れた1指馬であるプリオヒップスまでを簡単に紹介する（図1–3）．

ヒラコテリウム（*Hyrachotherium*），もしくはエオヒップス（*Eohipps*）は最初のウマとして知られている（図1–1）．たいていのウマの教科書は，この「最初のウマ」とそのエピソードのお話から始まる．英国で発見されたヒラコテリウムと米国のエオヒップスは基本的に同じものであること，ヒラコテリウムの発見には2人のウイリアムスがかかわっていること，ヒラコテリウムは最初はハイラックス（イワダヌキ）の一種である

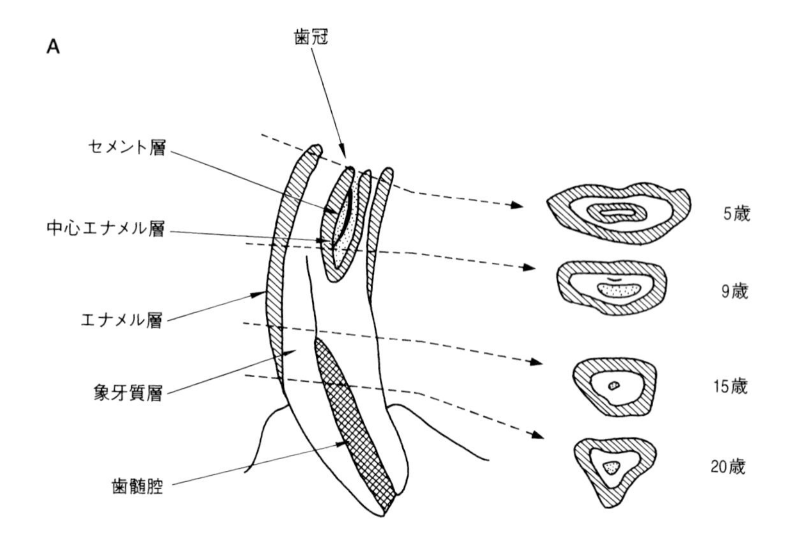

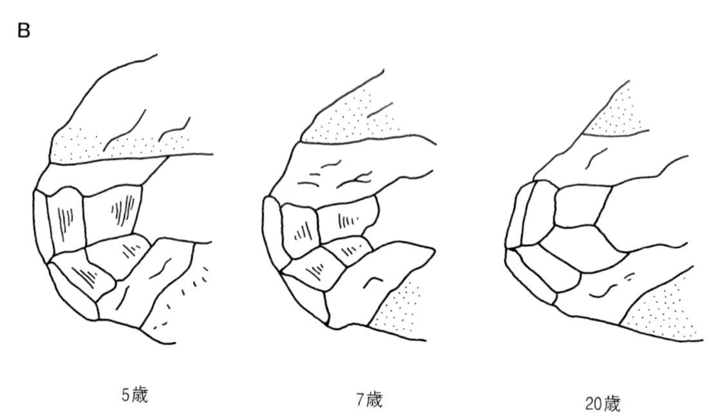

図 1-2 年齢と歯（野村 1986 より改変）
A：歯の構造と年齢による歯冠部の変化. B：年齢と咬合の変化.

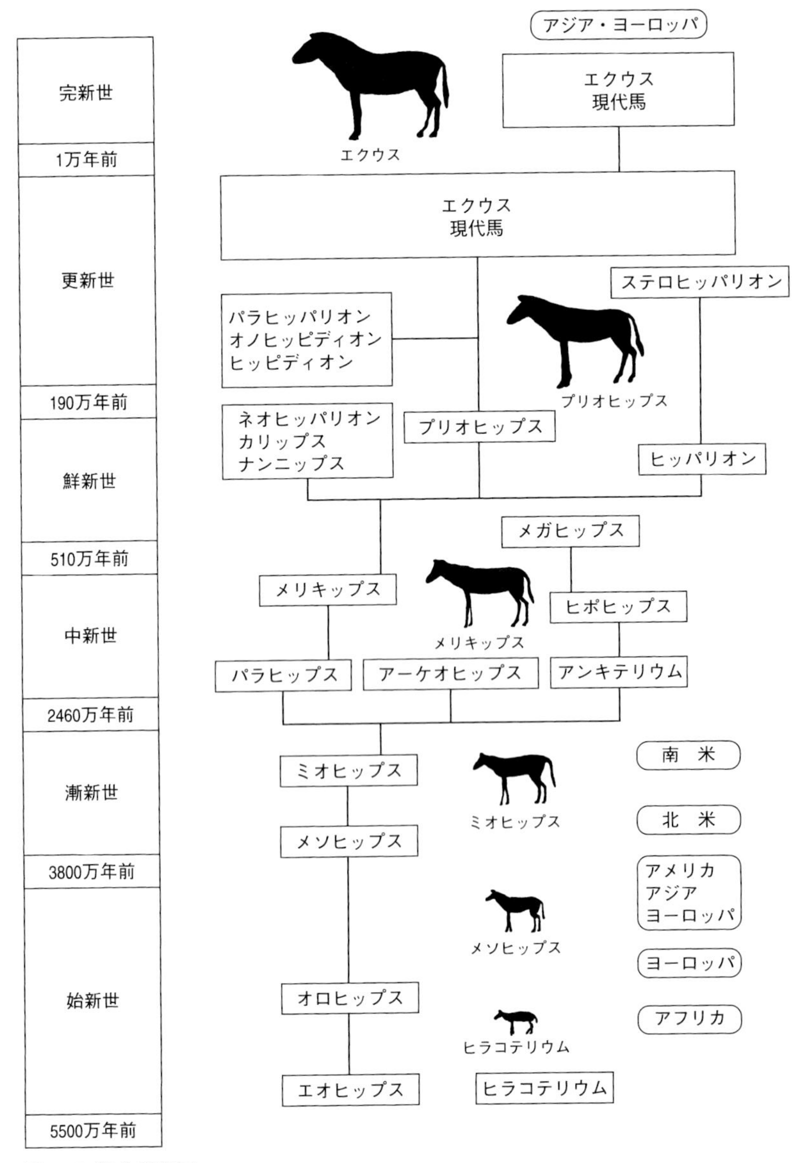

完新世
1万年前
更新世
190万年前
鮮新世
510万年前
中新世
2460万年前
漸新世
3800万年前
始新世
5500万年前
アジア・ヨーロッパ
エクウス
現代馬
エクウス
エクウス
現代馬
ステロヒッパリオン
パラヒッパリオン
オノヒッピディオン
ヒッピディオン
プリオヒップス
ネオヒッパリオン
カリップス
ナンニップス
プリオヒップス
ヒッパリオン
メガヒップス
メリキップス
ヒポヒップス
メリキップス
パラヒップス
アーケオヒップス
アンキテリウム
ミオヒップス
南　米
ミオヒップス
北　米
メソヒップス
アメリカ
アジア
ヨーロッパ
メソヒップス
ヨーロッパ
オロヒップス
アフリカ
ヒラコテリウム
エオヒップス
ヒラコテリウム

図 1-3 進化系統図

と判断されたこと，などである．

ひととおり紹介しよう．1838 年に英国のサフォーク州でれんがづくり用の粘土を掘っていたウイリアム・コルチェスター氏は，小さな歯を砂の中から発見した．翌年，今度はケント州でウイリアム・リチャードソンという博物学者が，ある古代生物の頭蓋骨の大半を発見した．これらがヒラコテリウムであった．最初，これらは上述のようにハイラックス（イワダヌキ）の一種であると考えられ，その結果，ヒラコテリウムと命名されたものである．同じころ，大西洋を隔てた北米大陸でもたくさんの化石が発見され，エール大学のマーシュ博士およびそのライバル，フィラデルフィア大学のコープ博士が，英国での古生物学の進展を受けながら，ウマ類の化石を整理していた．そして，コープ博士が 1873 年に最初のウマ，エオヒップスを発表したが，英国と異なり，いつどこでだれが掘り出したかは，あまり話題にされていない．

結果的に，1932 年になってこのヒラコテリウムとエオヒップスは同じものであることが論証され，現在，「始原馬」あるいは「曙馬」などといわれる最初のウマの栄光を担ったのである．その意味では，曙（Eo）のウマ（hippus）と命名したエオヒップスという名称がより適切であるのだが，最初に発見されたのがヒラコテリウムなので，正式にはこの地球最初のウマはイワダヌキの祖先という，ややかっこうわるい名前になってしまっている．上述の馬好きで著名な古生物学者シンプソンは，エオヒップスという名称は捨て難く，俗語として，すなわち学術用語ではなく普通名詞の一般用語として，最初の文字を小文字の e で表すことにより，エオヒップスという名称を使おうと提案している．本書もその提案を取り入れ，以後エオヒップスと記す．

さてエオヒップスは，キツネ程度の大きさと書いたが，じつはどうもさまざまな大きさがあり，実際に発見された骨から推測すると，体高は 25 cm から 50 cm までおよそ 2 倍以上のちがいがある．イヌでいえば，お座敷犬のパグと軍用犬のシェパードほどもちがう．たいていの動物は進化の初期の段階で小さい．「すべての動物は大きくなる方向へ進化する」といってしまうと，「大きいことはよいことだ」という目的論や定行進化説に陥ってしまう．定行進化とは先述の古生物学者コープの唱えた説である．

ある種の動物には特定の方向に進化しようとする性質が本来備わっているとするもので，アイルランドオオツノジカの巨大な角やウマの進化に伴う体格の増大に対して，あてはめられてきた説である．しかし，こうした考え方は現在の進化学では受け入れられていない．突然変異によって生じた形質が自然淘汰にかけられて進化は起こるが，変異そのものには方向性はないとされ（本川 1993），たとえばアイルランドオオツノジカの例では，進化学者グールドが『ダーウィン以来』という科学エッセイのなかで，たいへんわかりやすく定行進化説を否定しながら解説している（グールド 1984）．

小さい動物ほど，1 世代の時間が短く個体数も多いから，短期間で新しい変異が生まれ出る確率が高く，結果的にさまざまな系統の祖先になりやすい（本川 1993）．エオヒップスが現代馬よりはるかに小さいのは，小さかったからこそ，その後大きく適応放散するウマ属の祖先になりえたものであろう．また，発見されるエオヒップスにさまざまなサイズがあったことも理解しうる．

エオヒップスは指の数に大きな特徴があった．指の数はすでに 5 本から減少し，前足の指は 4 本であり，第一指はすでに消失していた．また，残った 4 本の指の先端には小さな蹄があった．後足はすでに 3 本指になっており，第一指と第五指は小さな痕跡程度のものとなっている．前足，後足とも後に現代馬の蹄となる第三指が大きく，よく発達している．こうした指の数の減少やつぎに述べる歯の形態の変化についても，コープの法則が適用され，定行進化の一例として紹介されていたが，実際にはウマが「走って逃げる」戦略により進化する方向のなかで，より指の数が少ない個体もしくは個体群が発展したと解されよう．

エオヒップスの歯には食物を取り込むことと嚙み砕くことの機能分化がみられ，犬歯の数が減少し，臼歯にはすりつぶしに適するよう，歯冠面に歯稜（しりょう）といわれるしわが形成されている．これらはエオヒップスが草食性の動物であったことを示すが，当時の超粗剛な草本類を喰いちぎり嚙み砕くには，ややお粗末であったとみられ，エオヒップスの主たる食物は軟らかで水分の多い木の葉や種子・果実類であったろうと推測されている．

英語では，草食家畜は本来どのような植物を食べていたかによって区分する言い方がある．ヒツジやウシ・ウマは，地表に生えている草本類を食べることから典型的なグレイザー（grazer）とよばれ，ヤギなど木の葉や枝を採食する草食家畜をブラウザー（browser）もしくはリーフイーター（leaf eater）とよぶ．ちなみに，ブタはそのよく発達した鼻梁で地面を掘り起こして根茎類を採食することから，ルートイーター（root eater）とよぶこともある．その点で，エオヒップスはブラウザーもしくはリーフイーターであった．

発見された化石馬の一連の骨は，非常にたくさんのことをわれわれに教えてくれる．しかし，どうしてもわからないのは，体表面の色や毛色（もうしょく）である．ウマにかぎらず，映画や小説でつねに人気のある恐竜も，その体色は不明であり，映像で描かれる各種恐竜は骨から忠実に復元されているが，色はまったくの想像である．エオヒップス以下の化石馬についても想像するしかない．

いま１つ不明な点は，消化器官の特徴であろう．草食性であるなら，なんらかのかたちで植物体の繊維分を消化吸収する機能をもっていたはずである．ウシ・ヤギ・ヒツジは反芻胃を発達させ，発酵タンクである食道下部の第一，二胃内に生息する微生物の働きにより，繊維分を分解発酵させる．一方，ウマやウサギなどの胃はわれわれヒトやブタなどの単胃動物と同じであるが，大腸のうち盲腸・結腸をよく発達させ，そこで反芻家畜同様，微生物による繊維成分の発酵分解を行う．こうした発酵槽の位置のちがいから，前者を反芻動物，後者を後腸発酵動物という．なお，前者を前胃動物，後者を大腸動物とよぶこともある（星野 1987）．エオヒップスの消化器官は未発達ではあったろうが，すでに現代馬のように，盲腸以降の消化管が発達の傾向を示していたのだろうか．いずれにせよ，なんらかの繊維成分発酵分解の機能をもたねば，植物のみでからだは維持できない．だが，化石からでは，歯の構造から主要な食物は推測できても，消化器官の機能・構造まではわからない．

ところで，発見当初イギリスでは，これらエオヒップスはハイラックス（イワダヌキ）の仲間と考えられ，ヒラコテリウムと命名されたことはすでに述べた．現在のハイラックスは，アフリカ・アラビア・シリア地方の岩場にすむイワダヌキ目の仲間で，ウサギ程度の大きさである．草食動物であるが，この動物は聖書では，「反芻するが蹄が分かれていないので食べてはいけない」（申命記 14, 7）とされている．ハイラックスは奇妙な草食動物で，盲腸や結腸以外に小腸の途中にふくらみをもち，微生物による繊維成分の発酵分解を行っている．ヒトからネズミまでさまざまな生きものの消化生理を研究している石巻専修大学の坂田博士によると，ハイラックスはさらに摂取した食物のうち，比較的消化しやすいものは滞留させて，微生物相に発酵分解を担当させるが，分解しにくいものはさっさと下部消化管へ流してしまうとされている（坂田，私信）．その代わり，摂取量を多くして吸収量をまかなおうという消化吸収戦略をとっている．じつは，こうした通過速度を速めて，摂取量でカバーするという戦略は，つぎの章で述べる単胃草食家畜であるウマの仲間独特の戦略らしい（Lechner-Doll *et al.* 1995）．もし，エオヒップスがハイラックスと同様に微生物の助けを借り，盲腸・結腸以外に発酵槽をもちつつウマのような消化吸収機構をもっていたとするならば，じつはエオヒップスはウマの祖先であると同時に，ハイラックスと似た消化機構をもつ動物であったとする推論も成り立つ．そうであるなら，エオヒップスをヒラコテリウムと名づけた英国人リチャード・オーウェンは慧眼であったというべきであろう．しかし，実態は不明である．

エオヒップスは旧世界と新世界両方の大陸でそれぞれ進化したが，現在のウマの祖先となったのは新世界であるアメリカ大陸のエオヒップスであった．ユーラシア大陸のエオヒップスは独特の発達を遂げ，パレオテリウムなどを産むが，やがて絶滅した．漸新世になり，北米大陸でついに 3 本指のウマが出現した．およそ 3600 万年前のことである．メソヒップスとよばれるこの化石馬は，頭部についてはかなり現代のウマに似た風貌が推測されており，速く走る機能も十分発達していたとみられている（図 1-4）．歯は木の葉採食に適応した形態ではあるが，エオヒップスなどでみられ始めた前臼歯の発達，すなわち前臼歯の後臼歯化は完成し，植物をすりつぶすための片側各 6 本の頬歯として，ほぼ現代のウマの基本構造ができあがったのである．

漸新世中期からさらに発達したこれら化石馬は，ミオヒップスとよばれる別の属に分類されている．実質的には，メソヒップスもミオヒップスも

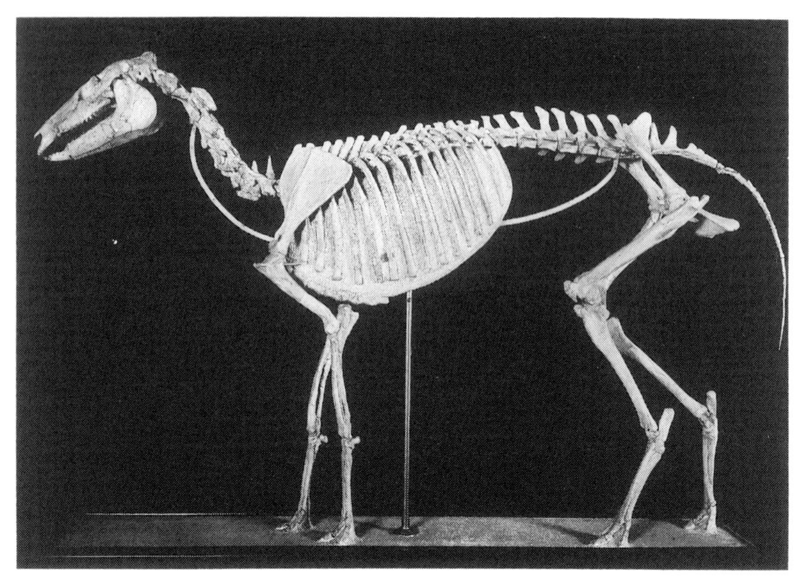

図 1-4 メソヒップスの復原骨格模型（馬の博物館所蔵）

その差異はわずかである反面，どちらもバリエーションが大きく，その区別は専門家にもむずかしいらしい．ミオヒップスは中新世の中ごろまで生きながらえ，いくつかのグループに分かれていった．彼らのグループの一部は，当時つながっていたベーリング地峡を越えて，エオヒップス以降ウマの仲間が絶滅していたヨーロッパに入り，独特の進化を遂げるが，やがて絶滅する．メソヒップスやミオヒップスなどの3指馬は，木の葉採食動物としておもに森林に生息していたものと思われるが，河岸沿いの地域もその生活域であったらしいことが推測されている．

彼ら3本指のウマが木の葉食いから草食い，すなわちブラウザーからグレイザーに劇的に変化したのは，中新世のパラヒップスおよびその後のメリキップスからである（図 1-5）．どちらも北米で発達した属で，いまだ指はそれぞれ3本残っているが，歯の構造が大きく変化している．すなわち，歯冠が低いエオヒップスなどの歯に比べ，歯冠にエナメル質が高くそびえて稜線を形成し，くぼみにはセメント質が満たされた構造になっている．こうした構造により，パラヒップスやメリキップスは下顎を上顎に対

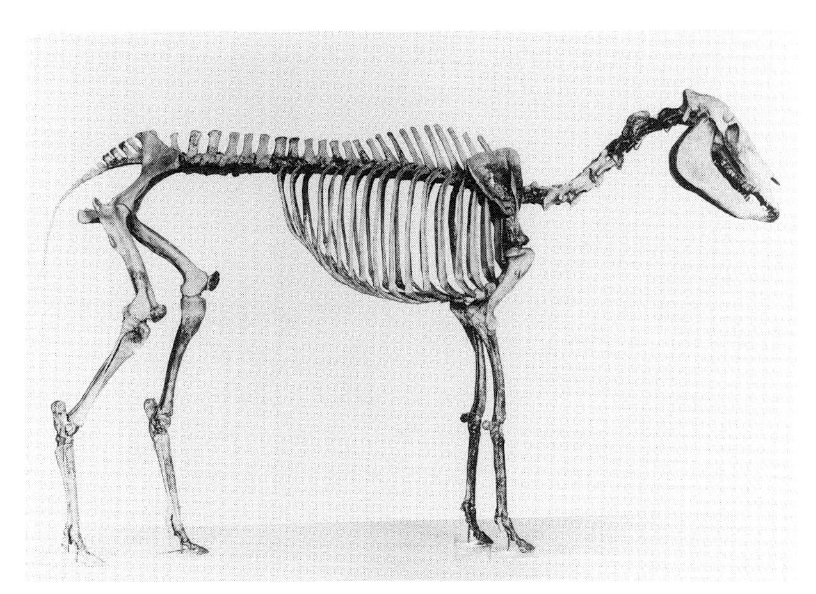

図 1-5 メリキップスの復原骨格模型（馬の博物館所蔵）

して水平に動かす咀嚼を行っていたと想像されている．このような咀嚼運動こそ，現代のウマが草をはむときの咀嚼運動である．

真の意味での草食性の3本指のウマは，北米でたくさんのグループに適応放散し，さらにユーラシア大陸へも渡り，そこで独特の発達を遂げている．しかし，こうしたいくつかのグループも1グループを除いて絶滅し，1本指となったプリオヒップスのみが現代のウマの祖先となったと考えられている（図1-6）．プリオヒップスは大きさが現代のウマよりやや小さいだけで，骨格上の構造はきわめて類似している．1本指を蹄として，たいていの動物より速く走り，草原のランナーとして大いにその数を増やしていったのであろう．ウマ独特の消化吸収機構もグレイザーに変わったときに発達し，プリオヒップスでほぼ完成したのではないだろうか．ゆっくり食べて後で反芻をするか，急いで食べ続ける後腸発酵か，というウシとウマの消化戦略のちがいは，移動のスピードを含めた対捕食者戦略の重要な部分を占めていたものと考えられるからである．

このプリオヒップスこそが現代のウマの祖先であるとする考えが一般的

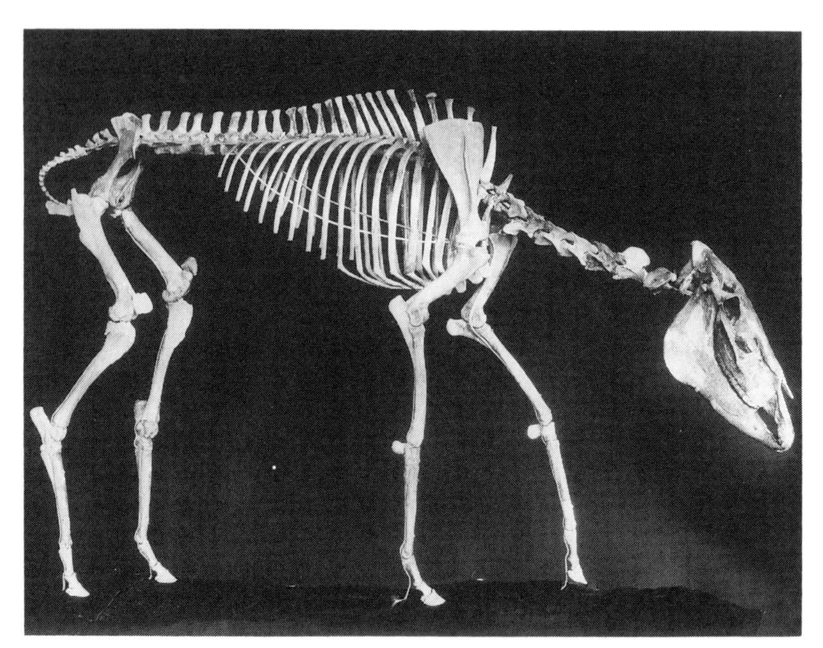

図 1-6 プリオヒップスの復原骨格模型（馬の博物館所蔵）

な学説になっている．現代馬エクウス（*Equus*）は，北米大陸の草原で更新世に生まれ，その後ユーラシアやさらにアフリカへ渡り，シマウマの祖先となったものもあるとされている．ところが，エクウスを発達させた北米大陸では，じつは完新世に彼らは絶滅してしまうのである．ちょうどベーリング地峡を越えて，モンゴロイドが続々とアメリカ大陸に渡り始めたころである．

アメリカ大陸で興隆したエクウスがなぜ絶滅したのか，古生物学上の大きな謎の1つである．氷河による気候異変説，草資源衰退説，伝染病説，ヒトが狩りつくした説などさまざまな仮説があげられているが，いずれも決め手にかけている．15世紀に白人が北米にたどりついたとき，同じように草原で生活していたアメリカバイソンは大地を覆いつくすほどいたのだから，ウマだけが特異的に死に絶える理由は，上記以外のなにかであるにちがいない．

現代の北米には野生馬と呼称される馬群が存在する．これらは，いわゆる再野生のもの（フェラル feral）であり，更新世に発展したエクウスの子孫ではもちろんない．北米へのウマの再導入は1589年にスペインの探検家ドン・ファン・デ・オニャーヤがニューメキシコにもちこんだ700頭が最初で（グウイン 2012），以後，メキシコを中心にスペイン人がもちこんだウマが逃げたものの子孫である．逃げたり逃がしたりした少数のウマが，それこそあっというまに南北両大陸に広がった事実は，アメリカ大陸がこうしたウマ属の生活にきわめて適した環境であったことを傍証するものである．ユーラシア全体に分布していたウマはやがて人類に出会い，家畜としての道を歩み始める．

1.2 草食動物としての戦略――ウシ戦略とウマ戦略

簡単に草食動物とはいうものの，草類を主体に摂取して生きていくことはたいへんなことだ．この場合，草とは植物体の，おもに葉の部分をいう．植物体と動物体の細胞の大きなちがいは，細胞壁があるかないかである．無脊椎動物のように骨格が外側にあるものを除き，脊椎動物のように内側に骨組みとしての骨格がある動物体は硬い柱でからだを支え，それに軟らかい細胞がへばりついているような構造をしている．柱を立てて，それに壁を塗り立てた家のような構造といってよい．一方，植物体は空気中に構造物としての己を構築するためには，1つ1つの細胞自体になんらかの硬い部分を有し，築き上げていかねばならない．これが細胞壁であり，細胞壁は植物細胞の核や液胞をしっかりとくるみこみ，ごくごく小さな単位からそのからだを築き上げている．いわばレンガやコンクリートブロックでつくられた家のようなものだ．

植物体でも，いわゆる実の部分は外皮が硬くとも，内実はタンパク質や炭水化物がその後の成長の糧として高密度に貯蔵されており滋養に富み，外皮さえ突き破れれば，さほど複雑な消化吸収機構をもたなくとも，摂取した物質からは栄養分を吸収できる．ヒトやブタなどの穀実採食はこうした戦略だ．ただし，こうした実の部分は常時豊富にあるわけではなく，植物体として普通そのあたりに豊富に存在する物質は，光合成および呼吸を司る葉とそれを支える茎の部分である．もっとも木本科では，茎の部分は文字どおり木質化しており，非常に粗剛である．とにかく大量かつ簡便に摂取できるのは，草本科の葉・茎と木本科の葉であろう．

こうした草類においてはその構造上，上記ブロック自体はおもに構造性炭水化物でできている．セルロースやリグニンなどのいわゆる繊維成分とよばれるものだ．ブロック内部の空洞の部分にはこうした構造性炭水化物のほか，いわゆる「軟らかい」物質が含まれる．植物体にはもちろん窒素化合物も多量に含まれている．窒素化合物をタンパク質に換算すると（これは粗タンパク質という），そのあたりの道草の粗タンパク質含有量は一般に牛乳より高い．問題は，牛乳の粗タンパク質は大部分がほんとうのタンパク質（純タンパク質という）であるのに対して，植物体ではタンパク質ではない窒素化合物，すなわち非タンパク質態窒素化合物の割合が高い部分を占めていることだ．

したがって，植物体の葉や茎を主体に摂取して生きていくためには，つぎのような消化吸収機構をもたねばならない．

①まずブロックの部分，硬い構造物を嚙み砕きすりつぶして，細胞内容物を取り出し消化吸収する．
②さらに，すりつぶした植物体の構造性炭水化物もなんとか消化して体内に取り込み，代謝経路に送り込む．
③非タンパク質態窒素も含めて，植物体の窒素化合物をタンパク質へ転換する．

われわれ人類はウシやウマのように草食性の食生活を送ることはできるだろうか．ベジタリアンという種類の人々はいるし，そうでなくともわれわれは普通に野菜を食べている．しかし，前者は植物食のみといっても，上述の植物体の「実」の部分，穀実や堅果・漿果が主体であるし，また後者も含めて，料理によってヒトの単純な消化管でも消化吸収できるよう加工されている．さらに，栽培植物としての野菜は長期間にわたるヒトの育種改良の結果，軟らかくかつ非構造性炭水化物の含量が比較的高くなっている．こうした例を除くと，粗剛な構造をもつ植物体を多量に効果的にすりつぶす歯をわれわれはもっていないし，また，構造性炭水化物を消化したり，非タンパク質態窒素をタンパク質として利用できるようなメカニズムをもっていない．もし，そのあたりの草をヒトがムシャムシャ食べて生きていこうとしたら，慢性的な下痢と栄養不足により，超ダイエット効果を産むだろう．

さて，草食動物とは簡単にいうと，こうした点を克服した生きものである．ウマの歯の進化上の発達については，前節で述べたとおりで，エオヒップスの時代に木の葉を噛みちぎりすりつぶす歯を得て，メソヒップスで木の葉食いのための歯は完成した．そして，パラヒップスやメリキップスで草類をすりつぶすべく，下顎を水平に左右させる動きと歯冠部のエナメル質の稜線とセメント質の充填物を得た．

現在のウマの歯は，雄が上下で合わせて40本，雌が36本となっている．雌は犬歯が出現しないので，計上下左右合わせて4本少ない．切歯はやや前方に鋤のように突き出て，上下歯がはさみのようにしっかりと咬み合うようになっている．このため，ウマはかなり丈の低い草までちぎりとることができる．

なお，上顎切歯が消失したウシでは，舌で草を巻き取るようにして口腔内に取り込み，下顎切歯で切り取り臼歯で咀嚼する．同様に上顎切歯のないシカ・ヒツジ・ヤギは，よく発達した柔軟で微妙に動く唇で草をくわえて口腔内に取り込んだ後，やはりよく発達した歯床板と下顎切歯で草を噛み取る．ウマの唇も軟らかく柔軟な運動性を備えており，草をはむときには活発に活動する．こうして，草丈でみると，ウシは長草適応型に分類され，ウマ・ヒツジ・ヤギは短草適応型に分けることができる．どの草食家畜も臼歯は植物体磨砕のために歯冠部がよく発達しているが，内部へいったん嚥下して一定時間経過後吐き戻し，再度咀嚼を行う反芻動物よりも，喫食時の咀嚼だけが消化行程を通じて唯一の咀嚼であるウマでは，歯冠部の発達は著しい（図1-2）．

こうして食道へ送り込まれた，ある程度磨砕された植物体は，胃以下で消化分解作用を受けるが，哺乳類は構造性炭水化物である繊維成分を分解する酵素をもっていない．そこで体内微生物の登場となるのだが，ここでそれが起こる場所により，2つの種類に分けられる．反芻胃内発酵と腸内発酵である．

すでに何度も述べているとおり，ウマはこのうち腸内発酵で粗繊維成分を分解吸収している草食動物である．じつは，このメカニズムはいまだによくわかっていない部分が多いのである．そこで，おさらいとして反芻動物の繊維成分分解吸収メカニズムについて簡単に概略を紹介し，それらのウマの消化器官との類似点と相違点をみることにより，ウマの腸内発酵のメカニズムを推測してみよう．

反芻動物が摂取した草類は，口腔内での咀嚼により，ある程度細切・磨砕され食道へ送り込まれる．食道下部には順に第一胃から第四胃まで連続した袋があるが，このうち第四胃がわれわれ単胃動物の胃と同じ構造の胃である．取り込まれた草類（ここではもう食塊とよばれる）は，まず第一胃と第二胃に滞留する．第一胃と第二胃はほとんどくっついており，両者を合わせて反芻胃とよぶ．食塊はこの2つの胃のどちらかに滞留するが，第二胃の容量は第一胃よりはるかに小さい．これら2つの反芻胃の容量は600 kgのウシでおよそ200 *l*，すなわちドラム缶約1本分の大きにもおよぶ．この胃の中で食塊はさらに微細化され，かつ微生物の攻撃により発酵分解する．ここでいう微生物とは，プロトゾアなどの原虫と細菌および真菌類である．

さて，反芻胃内にためられた食塊は，唾液やそのほかの水分と混ざり合い，どろどろのスライム状の物質になっており，嫌気的条件下でさかんに微生物の攻撃を受ける．その結果，炭水化物は非構造性のデンプンなども構造性の繊維成分も，可消化の部分が発酵して各種揮発性脂肪酸となり，反芻胃から吸収され，反芻動物の主要なエネルギー源として代謝経路に入っていく．一方，窒素化合物も同様に微生物の攻撃を受け，バラバラにされた後，いわば微生物に食べられて微生物体のタンパク質に仕立て上げられる．こうしてできたタンパク質は菌体タンパク質として第四胃以降に流れ込み，単胃動物と同様の経路で消化吸収される．もちろん，こうした過程は概略であり，実際の反芻胃内での発酵はさらに複雑で錯綜したものである．たとえば発酵産物としては，炭水化物からメタンと二酸化炭素がつくられ，噯気（あいき）（ゲップ）として口から放出される．また，窒素からはアンモニアが生成され噯気として出るほか，反芻胃壁から体内に取り込まれてしまう．ビタミンB群の反芻胃内での合成も反芻動物の特徴である．さらに，反芻胃での発酵・分解過程には，いわゆる吐き戻しと再咀嚼が重要な役割を担っていることが明らかになりつつある．

こうした反芻胃での発酵分解吸収に関する科学はルミノロジー（反芻生理学 ruminology）と称される分野で，わが国をはじめ世界各国で戦前から研究され，消化効率，各種微生物の役割，反芻胃内での飼料片の微細化の機序，窒素の動態などかなりの部分が明らかになっている．その結果，「反芻」という一連の消化吸収機構は，草類を摂取してからだを維持し生産を続けていくためによく発達した，非常に効果的な生理機構であることが示されている．

では，ウマなどの単胃草食家畜ではどうなっているのであろうか．ウシと同じような体重のウマは，こうした効果的な反芻胃ももたないのに，なぜ草だけを食べて生きていけるのだろうか．彼らが反芻胃内発酵ではなく，腸内発酵で繊維成分を分解吸収していることはすでに述べたとおりであるが，それはいかなるものであろうか．

ウマの消化吸収機構については，図 1-7 のような機構が想定されている (Meyer 1986)．実際の各腸管は図 1-8 のようになっており，胃は 15 *l* 程度の容量で，ウシの 7-8% 程度の大きさしかない．この胃は基本的にわれわれと同じものだ．摂取された食塊はここでよく酵素と混ぜ合わせられる．胃から十二指腸および小腸への食塊の流出は，容量の 3 分の 2 程度が充満されるまではないとされている．摂取された食塊は，食道を下方へ移動し噴門を経て胃に入るが，この移動は食道を形成する筋肉が上方から下方へ波のように収縮することにより起こる．この収縮の波は一方向にしか進まないので，ウシとちがってウマは嘔吐ができない（野村 1986）．そこで，厩舎の馬房から夜中に抜け出したウマが飼料のえん麦などを盗食すると，食べ過ぎたえん麦が胃の中で水分を吸って膨張し，嘔吐ができないので胃破裂を起こし死亡する，という事故も起きる．

十二指腸を経て小腸にいたった食塊は，そこでわれわれと同様，易発酵性炭水化物であるデンプンや糖，脂肪の一部，タンパク質が吸収される．そして，構造性炭水化物である繊維成分は大腸へ入る．大腸は盲腸と結腸からできているが，盲腸の長さは約 1.2 m，大結腸・小結腸合わせて約 7 m，容量は盲腸が 30 *l* 程度，大結腸が 70-80 *l* と反芻胃ほどではないにし

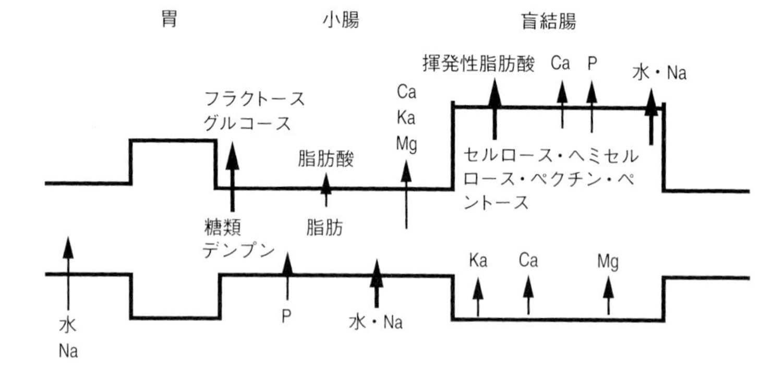

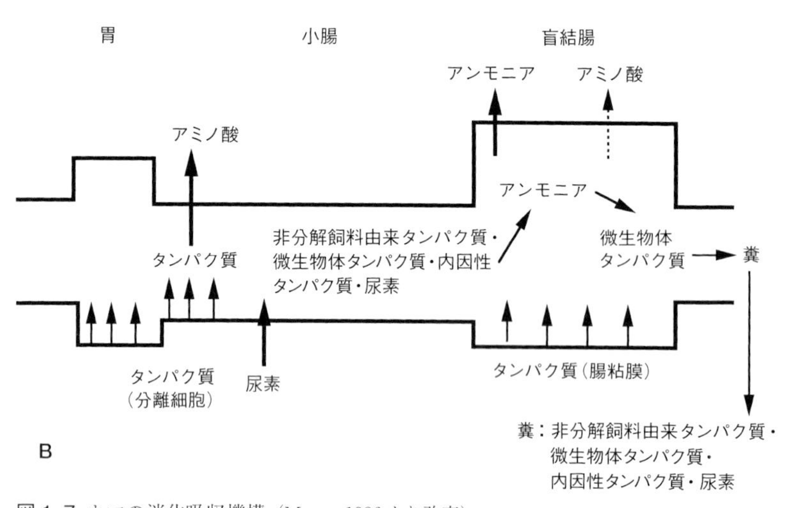

図 1-7 ウマの消化吸収機構（Meyer 1986 より改変）
A：炭水化物の消化・吸収．B：窒素化合物の消化・吸収．

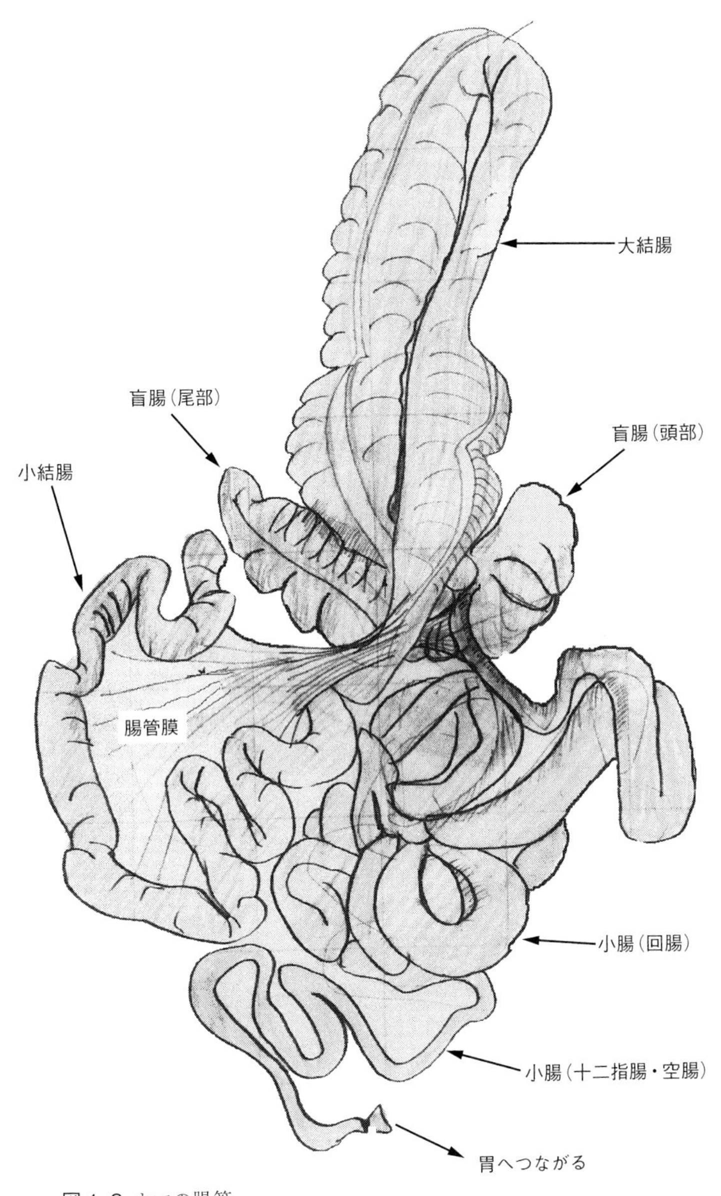

図 1-8 ウマの腸管

ても巨大な発酵槽となっている．ここにすむ各種微生物が活発に分解発酵を行い，構造性炭水化物を揮発性脂肪酸に変え，吸収する．こうした腸管内発酵の機序については，いまだよくわかっていない．ウマ以外の動物で行われた研究では，腸管内の食塊は同心円状の筒状となり，入れ子状態でピストン運動を繰り返すらしい．腸粘膜に近い部分は微生物が多く，中心部は食塊が大半を占め，往復を繰り返しながら発酵・分解を行い，最終産物が直腸から糞として排出される．

ウマの腸管での微生物による発酵分解の詳細については，不明な部分が多い．じつはウマの消化生理をはじめとする栄養学的な学問的蓄積は，古くからの人類の友といわれているにもかかわらず，きわめて少ないのが現状である．各家畜を飼養するにあたって，なにをどの程度食べさせればよいか，それぞれの家畜ごとに基礎的な栄養学の研究実績をもとに，各国の科学技術委員会が「飼養標準」もしくは「栄養要求量基準」を発刊している．このうちウマの飼養標準を出している国は非常に少ない．米国とフランス，さらに1998年度にわが国において刊行されたものだけのようである．ただし，わが国のそれは農林水産省によるものではなく，日本中央競馬会が発刊した（日本中央競馬会競走馬総合研究所 1998）．

飼養標準は米国を例にとると，ウシについては乳牛と肉牛に分かれて，それぞれ1cmほどの厚さの冊子となっている．一方，ウマの飼養標準の厚さはその半分もない．ウマの栄養学の世界的権威であり，米国飼養標準編集委員会の主編者であったヒンツ博士は，ウマの栄養に関する総説の緒論で，「ウマの飼養標準のすべての章は“さらなる研究が必要である”（Further studies are needed）で終わっている」と慨嘆しているほどである（Hintz and Cymbaluk 1994）．この現状は21世紀になった現在もあまり変わっていない．

上記の消化吸収の機序の概要でも，少し考えただけで説明できないことがあるのがわかる．ウシなどの反芻動物では，食道下端と単胃動物の本来の胃である第四胃の間に反芻胃があり，ここで微生物による発酵分解が行われている．摂取されたいわゆる普通の消化管では消化吸収されにくい物質はこの発酵タンクで加工され，それ以下の消化管へ流れていく．すなわち生成された発酵産物，たとえば微生物体タンパク質やビタミンB群などは，第四胃以降の「普通の胃」や腸で消化吸収される．しかし，大腸で発酵が行われるならば，それ以降には直腸しか残っていない．後は糞として体外へ排泄されるだけだ．つくりだされた微生物体タンパク質などはどうするのであろう．

ウサギやヌートリアなどやはり腸管で発酵を行う動物には，食糞という行動が知られている．こういった動物においては，一時的に通常の糞とは外見が異なる軟らかい糞（軟便）を排泄し，それを食べるのである．大腸以降で生成された物質を体外で循環させ，再び食道→胃→腸と通過させることにより，消化吸収機構を完結させるシステムになっている．

ウマでも子馬の食糞行動は知られている．しかし，これは上記のような腸管発酵の消化吸収機構を完結させるためではなく，腸内微生物相を移植させるためであると考えられている．なお，非常に興味深いことに，子馬はその母ウマの糞しか食べないらしい（Crowell-Davis and Caudle 1989）．ある程度成長したウマにおける食糞は異常行動と考えられており，ストレスやある種の栄養分の不足がこれを引き起こすとされている．少なくともウマにおいては，体外を通過させて再び食塊（あえて糞ではなく消化途中の物質という意味で）を胃・腸に送り込むという機構はみられない．しかしながら，ウマは過去も現在も，草など繊維成分主体の飼料で立派にからだを維持し生産を続けうることを現実に示しており，いまだ説明されていないなんらかの機序があるにちがいない．ヒンツ博士ではないが，さらなる研究の発展が強く望まれる分野である．

さて，このように構造性炭水化物など普通では消化吸収しにくい物質を栄養分として取り込むための発酵タンクが，反芻動物のように消化器官の前部におかれているか，ウマのように消化器官後部，すなわち小腸と直腸の間におかれているかは，じつは草原で発展してきた草食動物であるウシとウマの行動戦略に大きな影響を与えてきた．おそらくこれは「速く走るウマ」と「雌雄ともに角があり，さほど高速で移動しないウシ」のちがい，さらには後述の「分娩直後から子を連れて歩く追従型保育を行うウマ」と「子を隠して一定時間ごとに哺乳し，子は子でグループをつくるウシ」といった子育て戦略のちがいにも関連しているにちがいない．

食道下部に発酵タンクをもつウシを放牧地に放すと，その採食時間は

6-9時間である．そして，同じく口を動かす反芻は9-11時間といわれている．合わせて1日15時間から20時間になる．一方，同じようにウマを終日放牧すると，その採食時間は12時間から最高で20時間，平均で16時間くらいである．ウシの採食と反芻の時間を合わせると，この2つの大型草食動物はほぼ同じ時間を喫食もしくは咀嚼に使っていることになる．なお，体重を維持するだけなら，ウシもウマも草類（もちろんその質によるが）を乾物で体重の約2-2.5%摂取すれば足りる．したがって，ウシの単位時間あたりの草の口腔内への取り込み量は，ウマの2倍近いと推定される．なお，ウシもウマも咀嚼回数はおよそ1分間に60回程度である．

ウシは寝ころんでも反芻はできる．そこで，横臥している時間は，なにもしない休息と横臥して反芻する時間を合わせて，ざっと12時間，1日の半分は寝ころんでいる．成体に達したウマは寝ころぶ時間はごく短い．24時間で一度も横臥しないこともある．ウマは移動も含めて，1日を立ったまま食べ続けることで暮らしている．

繊維成分の消化吸収にとって反芻胃の効率が非常によいことから，飼料である草の質が悪いと奇妙な逆転現象が起こることが明らかになりつつある．低質な草を摂取したとき，反芻胃内での微生物はこれらを発酵分解するのに，より時間がかかる．そのため，反芻胃内容物は下部消化管へ流れず，反芻胃内で滞留し発酵分解を続ける．動物の摂取量のコントロールは，一部は生理的な機序，すなわち血糖量，血中遊離脂肪酸など，体液の濃度勾配の変化によって行われ，もう1つは消化管の充満度で制限される．反芻動物も例外ではなく，とくに最初の消化器官である反芻胃の充満度は摂取量を強く制限する．そこで，低質な草を摂取したウシは採食量が頭打ちになり，結果的に十分採食できなくなる．

ウマではどうであろう．摂取された低質草類は胃，小腸を通過して大腸の発酵タンクに入る．低質であるがゆえに反芻動物と同様，微生物が十分に食塊を分解吸収するには時間がかかる．ところが，ウマの大腸発酵タンクでは，低質な飼料のうち，比較的発酵分解されやすい部分が選択的に微生物の作用を受けて吸収され，されにくい部分はさっさと直腸を通じて糞として体外へ押し出されてしまうらしい．この動態は消化管内の充満度を下げることになるので，草が低質であればあるほど，ウマはますますたくさん摂取することになる．このように草の質が悪い場合，ウシは効率を上げようとした結果，食塊の消化管通過速度が低下し，栄養分の吸収量も低下してしまう．ウマは，質の悪い草では通過速度が高まり，よりたくさん摂取し，効率は悪くとも結果的に必要な栄養量を確保してしまう．草食反芻動物と草食単胃動物の消化生理にもとづいた採食戦略のちがいは，アフリカの草原におけるウシ，ロバ，ヒツジ，ラクダの採食の研究例で示唆されている（Lechner-Doll *et al.* 1995）．また，アイスランドの荒地湿原にウシ，ヒツジ，ウマを放牧した試験では，草の質がごく悪い場合はウマの生産性がもっとも高く，少しでも草の質が向上するとウシやヒツジなどの反芻動物の生産がウマを追い越したことが示されている（Gudmundsson and Helgadottir 1980; Bjarnason and Gudmundsson 1986）．なお，ウマの消化管通過に関して，食塊が盲腸をバイパスする現象が発見されている（Miyachi *et al.* 2014）．

こうした草食動物の発酵タンクの位置のちがい，食塊の消化管内通過動態のちがいなどは，草原で暮らし進化してきたウシとウマをどこかで分けたにちがいない．それは速く移動することに適応したウマの形態の変化とも強く関連しているのであろう．発酵タンクが消化管前方にあるウシなど反芻動物は，「食いだめ」ができる．一気にたくさん食べて，食べたものを効率よく利用する．一気にたくさん食べた結果，食道下部が膨れて発達し，反芻胃になったのであろう．そして，食べておいてゆっくり移動し，安全なところで内容物を反芻する．逃げるスピードが遅いがゆえに，食いだめができるようになったのかもしれない．

一方，ウマは時間あたりの摂取量は少ないが，つねに食べ続ける．もし，捕食者に襲われても，俊敏な速度で捕食者から逃げ切れる．逃げられるがゆえに，食べ続ける．それぞれの蹄と角に代表される外部形態の発達が先か，体内の消化吸収機構の発達が先かはもちろん不明であるが，これらは連携して進化してきたにちがいない．いずれにせよ，ウシは草原で生き残るために「効率的な栄養摂取」戦略を選択し，ウマは「逃げるためのスピード」を選択したのだろう．

さらに，こうした行動戦略のちがいは，ベタっとした牛糞とコロコロした馬糞のちがいにも関連しているのかもしれない．このような糞性状のちがいは，基本的に腸管下部の水分吸収能と関連している．たとえば比較的小格な反芻家畜であるヒツジやヤギの類，およびシカなどはコロコロ糞を排出する．消化管の生理的な機能のちがいのほかに，体格が小さな動物は捕食者の追跡をより恐れることもあるかもしれない．ウシほどの大きさならば，ヒツジやヤギほど痕跡を残すのを恐れない可能性もある．ウマはウシと同じ程度の大きさをもつが，もしかしたらウシの「食いだめ」戦略にはベタベタの糞がより適応的で，ウマの「逃げる」戦略にはコロコロ糞が適切だといった議論が展開できるかもしれない．いずれにせよ，今後のウマの消化生理面での学問的追究は，こうした進化や適応といった観点から新たな展望が開かれていく可能性がある．

1.3 ヒトとウマ——食べ物，道具，そして仲間

狩猟対象から家畜への道

われわれ人類が家畜としてウマとつき合い始めたのは，おおむね紀元前3000年前後であったろうと考えられる（野澤 1992）．では，それ以前のウマとヒトとの関係はどうであったのだろう．

いわゆる猿人とよばれるアウストラロピテクス（*Australopithecus*）は南アフリカの洞窟内堆積物から発見され，更新世の最後の氷期に生存していたと考えられているが，彼らと当時すでにエクウス（*Equus* 現代馬）になっていたウマ類との関係は不明である．その後，更新世の前期ないしは後期に，いわゆる原人（ピテカントロプス *Pithecanthropus*）が現れる．彼らは小さい家族集団ごとに洞穴にすむ森林の住人であったと想像されているが，この時代の人類の遠い祖先にとって，ウマは運があれば収穫できる狩猟対象であったと思われる．更新世の後期の第三間氷期に，いわゆる旧石器人に相当するネアンデルタール人（*Homo neanderthalensis*）が登場する．その後登場する人類の直接の祖先，クロマニオン人（*Homo sapiens*）とともに，彼らは旧石器とはいいながらもかなり高度な道具を作製し，使用していた．おそらくウマはこうした旧石器時代の人々にとって，貴重なタンパク資源の１つであったにちがいない．

図 1-9 ハクスリー博士のスケッチ（シンプソン 1989 より模写）

1.1 節で北米の古生物学者マーシュとエオヒップスについて述べたが，当時の進化論の擁護者，ダーウィンのブルドッグといわれた英国のハクスリー博士が講演のため北米を訪問した際に，この 2 人は会っている．進化と化石馬についての 2 人の話は学問的に大いに盛り上がり，ハクスリー博士は翌日の講演原稿を書きなおすといった次第にいたる．そのとき，興に乗ったハクスリー博士がさらさらと書き上げたのが図 1-9 のスケッチである．エオヒップスとエオホモと称するこの絵には，猿人もしくは原人らしきものが指の数の多いウマらしきものにまたがっている．ハクスリー博士は，イギリス人らしいウィットで，最初のウマは，初めからヒトに乗られたにちがいないと，おもしろ半分にこの絵を描いたと伝わっている．

しかし，もちろんこんな情景はありえないことである．エオヒップスは 5500 万年前の始新世に暮らしていた生物であり，人類の祖先オーストラロピテクスは，およそ 500 万年前から始まる更新世になってやっと出現するからである．旧石器時代にこれらウマ科の動物が狩猟対象であったことは，フランスのラスコーやスペインのアルタミラといった有名な洞窟壁画で知られている．紀元前 2 万 5000 年の南フランスのソリュトレ遺跡からは，およそ 1 万体分のウマの骨が出土している．そこはソーヌ川とローヌ川の合流地点の絶壁の下であり，旧石器人類たちはここにウマを追い落として，その肉を得たと考えられていた．デムベック博士の試算では，1万体の骨が蓄積する期間はおよそ1万年と見積もられ，おおむね1年に1頭程度の収獲であったとしている（デムベック 1979）．また，完新世の初め（中石器および前期新石器時代）のステップの遺構では野生馬の骨は発見される獣骨の 40% 以上を占め，ウマが当時の動物性タンパク質の4割をまかなっていたものとみられる（アンソニー 2018）．

最近では，オルセン博士がこれらソリュトレ遺跡のウマの骨を詳細に見直すとともに，現代のウマの行動から推測される当時の野生馬の習性を推測して再検討し，実際は崖から追い落としたのではなく，野生馬の冬から夏への季節的移動の経路であるソーヌ川沿いの草原で，崖下の袋小路へ10頭前後の群れを追いつめて槍で殺したものとしている（Olsen 1989）．また，殺されたウマの数は3万2000頭から10万頭が2万年の間に殺されたと概算したが，ただし骨の髄を破砕した例がごく少なく，この旧石器人は比較的肉に恵まれた生活をしており，ウマは舌，心臓，肝臓など一部の部位だけが利用されたとオルセン博士は推測している（Olsen 1989）．

さて，こうした狩猟対象であったウマがいつどこで家畜としての第一歩を踏み出したのだろうか．この節の最初におよそ紀元前3000年ころだろうと記したが，じつは明確ではない．

たいていの農耕文化は中近東から起こったことになっている．それはこのあたりで発掘される遺跡が数多くあるからでもある．ウクライナの西の草原地帯の周辺部にトリポリエという場所があり，およそ紀元前3500年に小麦・大麦の栽培が行われ，ウシ・ヤギ・ヒツジ・ブタとウマが飼われていたことが，この遺跡から明らかとなっている．もっとも，ウマ以外の家畜化ははるかに古く，ヤギやヒツジなどは紀元前1万年から9000年ともいわれている．ここでのウマはおもに食用であったらしい．

ところが，近年になってこれらをひっくり返すような遺跡が発掘された．ウクライナ共和国のキエフ東南約 300 km のところのドニエプル川西岸に，デレイフカという村がある．ここでみつかった遺跡は，紀元前4000年ころの狩猟漁労を中心とし牧畜・農業も開始しつつある定住集落らしい．この遺跡から発見されたウシ・ブタ・ヒツジなどの骨に混ざり，多量のウマの骨が発見された．大部分は食用らしいのだが，特別な様式で埋葬された

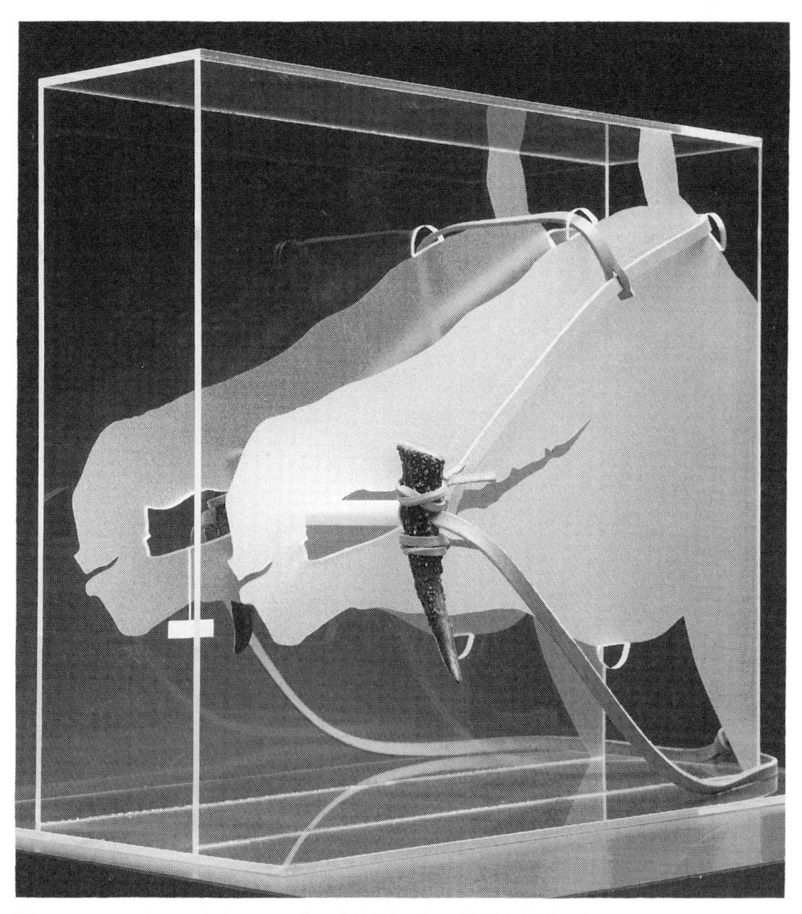

図 1-10 デレイフカ出土のハミ留め類似品の復元模型と装着予想図（馬の博物館所蔵）

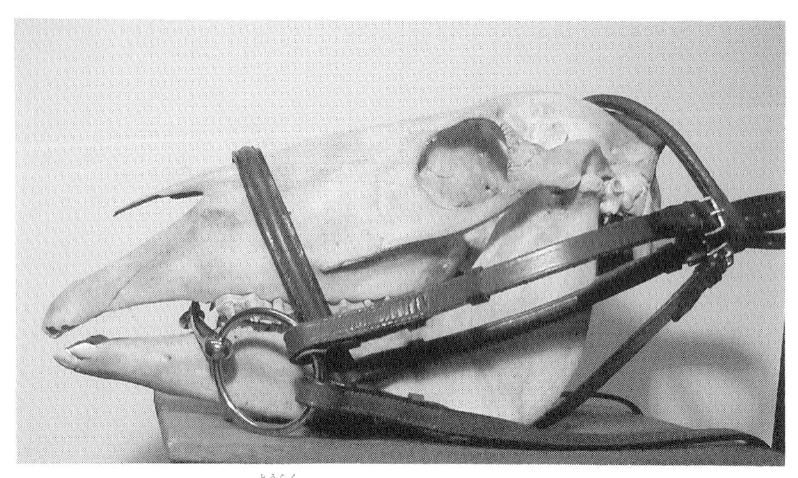

図 1-11　ウマ頭部と現代の頭絡（とうらく）・ハミとの位置

ものと思われる 7 歳から 8 歳の雄ウマの骨があった．さらに，遺物のなかに骨製およびシカ角製の角形ハミ留めらしいものが発見された（図 1-10）．また，この特別埋葬されたウマの小臼歯前方には，どうもハミを使用したとしか思えない痕跡があることが明らかにされ，このハミ留めらしいものはまさにハミ留めであり，このウマはハミをつけて使役に用いられていたのではないか，ということになった．さらに，車両や橇（そり）や鍬（くわ）が発見されないことから，このウマは騎乗用に用いられていたのではないかと推論されるにいたった．ハミとはウマを御すための重要な道具である．口腔内の臼歯の前部があいていることから，ここに硬い金属や骨製，木製の棒を嚙ませて，これをひもで引くことにより，ウマの動きを制御するものである．図 1-11 にハミとウマの頭骨の位置関係を示した．

気候人類学者のフェイガンは 2016 年出版の書物で，デレイフカにおけるウマの家畜化と騎乗について，家畜化は行われていたらしいがとしながらも，それ以上の断定はしていない．興味深いのはこの遺跡で出土するウマの骨から騎乗されたウマの確認を試みていた考古学者・人類学者アンソニーの仕事である（アンソニー 2018）．彼は考古学者である夫人とともに，初期の飼いウマの骨と野生のウマの骨との区別がむずかしいことから，ウマの下顎第二前臼歯に残るハミによる摩滅痕に注目し，綿密な予備試験を経たうえで，デレイフカで出土するウマの歯を検討した．その結果，1頭のウマの骨から明確なハミ痕を確認し，1991年の『サイエンティフィック・アメリカン』と『アンティキティ』に大喜びで発表した．ところがその後の研究により，この骨はBC800年からBC200年のスキタイ時代のものだと判明した．アンソニーらは落胆したものの，潔くこれを認めた．ここで出土した骨類は，金石併用時代の集落址に掘られた穴がデレイフカの遺跡に貫入したものであった．同じような事象がわが国の貝塚でもみられる．古い時代に縄文の貝塚から出たウマの骨により，当時からウマが日本にいたとされた時代があったが，その後，年代測定法の精度が上がった以後は，こうした事例は認められていない．やはり，新しい時代の遺物の貫入であったのだろうと解されている．

デレイフカのウマの騎乗については，未確認のままである．一方，カザフスタン北部のボタイとテルセク文化の遺跡から明らかにハミ痕を示すウマの歯が出土した．これらはまちがいなくBC3700年からBC3000年の間のもので，この時代からハミを使い始めたと思われた．アンソニーはその後のさまざまな調査結果から，ボタイの人々は騎馬の採集民族であったと結論している（アンソニー 2018）．また，上述のフェイガンもこれを認めている（フェイガン 2016）．

ウマの仲間の整理

家畜としてのウマを語る前に，エクウス（*Equus*）から始まるウマの現代の仲間たちを整理しておこう．まずウマは哺乳綱のうち，バクやサイなどとともに奇蹄目に分類される．さらにこれはウマ科（Equidae）に分けられ，その下がウマ属（*Equus*）となる．現存するエクウスは以下の6種である．

① *Equus ferus* もしくは *Equus caballus*
② *Equus asinus*
③ *Equus hemionus*
④ *Equus burchelli*
⑤ *Equus zebra*

図 1-12 現在のウマでもっとも美しいウマの1つ，アラブ100％純血種（イブンギャラル1-6，ハナン）

⑥ *Equus grevyi*

このうち1番目の *Equus ferus* がいわゆるウマであり（図1-12），大きなイヌ程度の大きさのファラベラポニーから体重1トンを超えるペルシュロン種まで，現存するすべての品種のウマを含む．2番目と3番目はロバであるが（図1-13），現在ユーラシアで家畜として使われているロバは2番目のものである．これらの野生種はアフリカに生息し，*E. africanus*（ヌビアノロバ）および *E. somaliensis*（ソマリアノロバ）などが知られているが，ヌビアノロバは死に絶えたといわれ，ソマリアノロバも絶滅の淵に追いやられている（図1-14）．3番目のエクウスはアジアノロバといわれるもので，オナガーもしくはオナーゲルといわれるものをさす．この

図 1-13 イエロバ

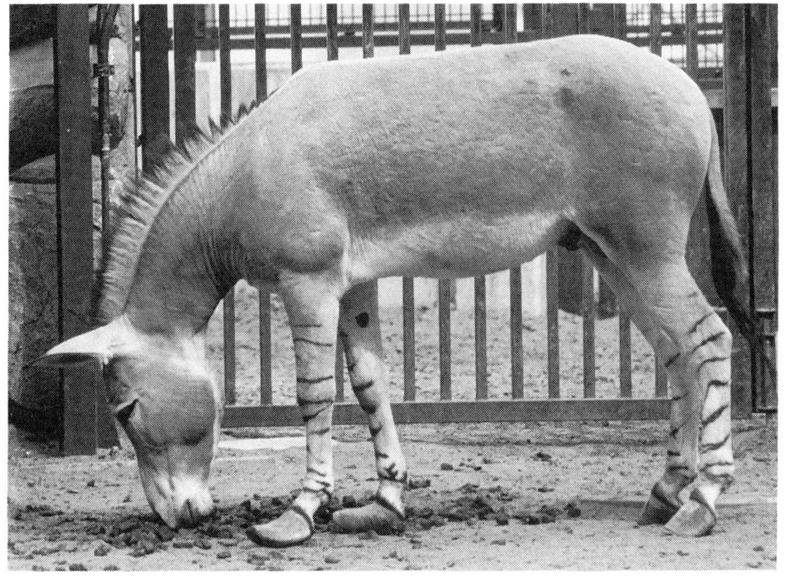

図 1-14 ソマリアノロバ（木村李花子氏撮影）

うちシリアノロバ，シリア産オナガーはすでに絶滅し，イラン北東部のオナガー，モンゴル北部のモウコノロバのほか，ゴビ砂漠，トルクメン地方，インドのタール砂漠などに野生種が生存しているらしい．なお，アジアノロバとは別種であるが，チベットには近縁の *Equus kiang* がチベットノロバとしてチベット高原に生息する．いずれもレッドデータブックに載るほど絶滅が心配されているエクウスである．

オナガーには現在家畜化された子孫はいない．メソポタミアの壁画から，オナガーはウマ以前に家畜化されていたとする説が従来より唱えられているが（加茂 1973; ズーナー 1983），生物学的にはありそうにもないとする説もある（クラットン-ブロック 1997）．ただし，西アジアの古代文明では，家畜ロバや家畜馬とオナガーを交配させたハイブリッドを使役に用いていたであろうとする説もある（クラットン-ブロック 1989）．

実用化したエクウスのハイブリッドとしては，ラバがよく知られている．これは雄のロバと雌のウマを交配させてつくりだすものであり，典型的な雑種強勢を示すという点で，ヒトにとって非常に有用な家畜である．ウマより粗食に耐え，耐久性があり，ロバよりも大きな体格を有する結果，力も強いとされている．開拓時代の北米では，20 頭のラバが約 3 トン半の荷馬車に 10 トン近いホウ酸塩を積み，170 マイル（約 270 km）の砂漠を横断するのに使われていた．

一方，雌のロバと雄ウマを交配させてつくりだされた異種間雑種はヒニー（Hinny）とよばれ（図 1-15），シュメールではさかんに生産されたとされているが，ローマ時代以降あまり生産されることはなかった．生産される子の体格は，基本的に母親の体格に制限されることから，十分な雑種強勢効果が得られないためであろう．ヒニーは日本語には適当な用語がなく，中国語の音読みである「駃騠（けつてい）」をあてている．ただし，この言葉は司馬遷の『後漢書』によれば，西から匈奴に輸入された駿馬（しゅんめ）のことをさすらしい．どこかで用語の使用例が入れ替わったのかもしれない．もっとも，中国語＝漢字のウマに関する用語は，本来字ごとに年齢や毛色を表す意味があり，その用例は英語などよりはるかに多い．

ラバもヒニーも生殖能力がなく，子をなさないとされている．染色体数はウマの $2n=64$ とロバの $2n=62$ の中間の $2n=63$ である．雄ラバは精子

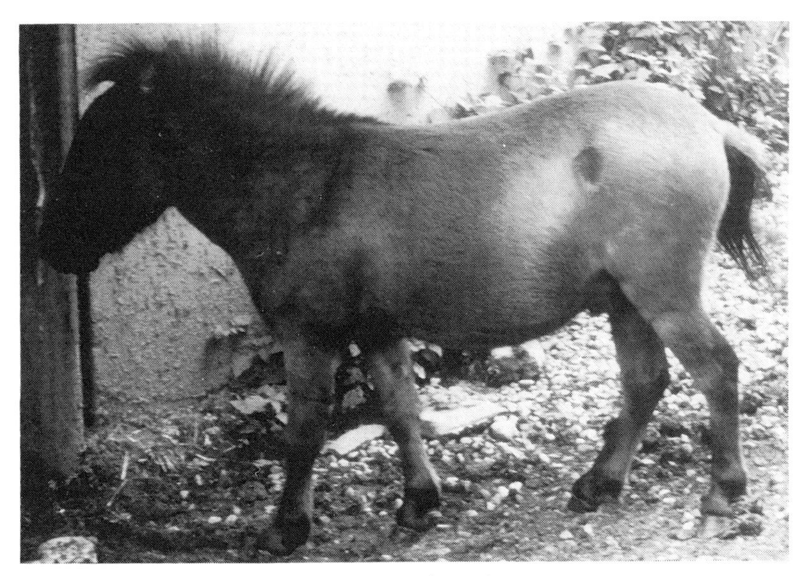

図 1-15 雄ウマと雌ロバの F_1 であるヒニー（Hinny）

をつくる能力はないが，成熟後性質を従順にするため去勢を施すという．雌ラバが子をなすことはまれではあるが，子をなした例がある．わが国においても，戦前の満州で子をなしたラバの報告がある（近藤，私信）．戦前のドイツの農学雑誌には，ラバの妊性についての記述がいくつかある（柏原，私信）．なお，ラバに比べるとヒニーはみることが少ない家畜である．ヒニーは使役動物としてきわめて使いづらいからだといわれることもあるが，実際にはヒニー生産のために雌ロバに雄ウマを交配しようとするとき，雌ロバが少しでも忌避すると雄ウマはすぐに交尾しようとしなくなるらしい．したがって，ヒニー生産は人工授精によることが多かったと聞いている（近藤，私信）．それにしても，母体に対して胎児がより大きくなりがちなヒニーの生産はむずかしかったものと思われる．

4, 5, 6 番目はいわゆるシマウマで，それぞれバーチェルズシマウマ，ヤマシマウマ，グレビーシマウマなどの和名があてられている（図 1-16）．バーチェルズシマウマはサハラ以南の東アフリカに分布しており，ヤマシマウマは南アフリカのケープ岬付近に分布するが，その数は現在ごく少ない．グレビーシマウマは中央・北アフリカの東側に分布域をもっている．

図 1-16 3種のシマウマ（シンプソン 1989 より作図）
A：バーチェルズシマウマ *Equus burchelli*. B：ヤマシマウマ *Equus zebra*. C：グレビーシマウマ *Equus grevyi*.

これらシマウマは，なぜほかのエクウスのように家畜化されなかったのだろうか．雄がなわばり性をもつために，ハレム性でなわばりをもたないウマと異なったためといわれることもあるが，同様になわばり性をもつロバは立派な家畜となっている．なお，シマウマも種によってはなわばり性をもつものと，そうでないものがあることが明らかになっている（Kimura 2001）．また，性癖がきわめて頑固で荒々しい性質をもつため，調教が困難であるともいわれるが，19 世紀にアフリカの各地がヨーロッパ人の植民地化した時代に，南アフリカのトランスヴァールでは，白人によりバーチェルズシマウマの家畜化が試みられ成功している．彼らはシマウマを駄載および馬車牽引に用い，ラバよりアフリカの風土にあった疾病罹患の少ない家畜として高く評価した．ロバとシマウマとの交配による異種交配も行われている．したがって，シマウマがなぜ家畜化されなかったかについては，行動学的な理由はなく，おもに文化的な背景によるものであろうと考えられている．19 世紀に行われたこうした試みは成功をおさめたが，大規模に実用化されることなく蒸気機関，さらにはガソリンエンジンに置き換わっていった．

Equus ferus のうち，現存する野生種はモンゴルの高原地帯に生息するモウコノウマ（プルシュワルスキー馬 *E. ferus przevalskii*）のみである（図 1-17）．現存するとはいうものの非常に数が少なく，すでに絶滅したのではないか，とも疑われている．ただし，現在世界の動物園で総数 400 頭あまりが飼われている．

このウマは 1879 年にロシアのプルシュワルスキー氏率いる中央アジア

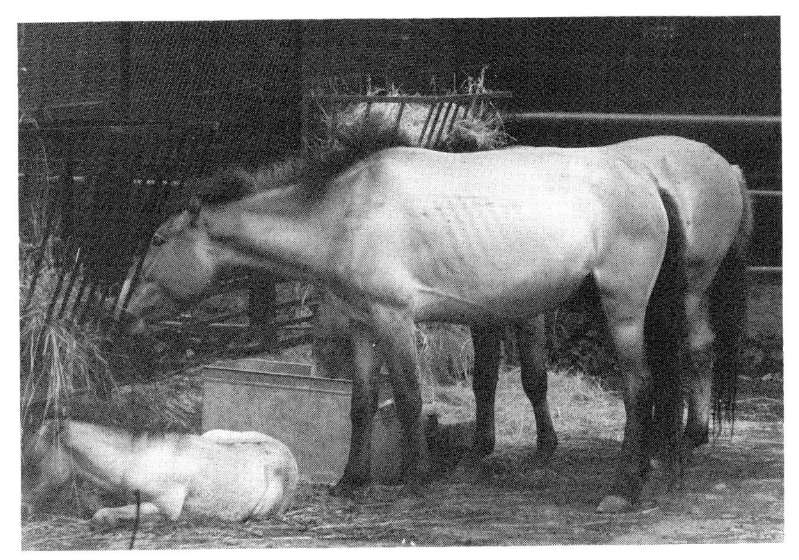

図 1-17 モウコノウマ（モスクワ動物園にて）（西田隆雄氏撮影）

探検隊が発見し，1881 年に学会で発表している．1901 年にはドイツのハーゲンベック動物園の遠征隊が 30 頭あまりを捕獲し，現在，世界の動物園で飼育されているプルシュワルスキー馬は，このときに捕獲されたウマの子孫である．これら動物園のプルシュワルスキー馬を増やしてモンゴルへ返す国際的なプロジェクトが，実施されつつある．

一方，近年までウクライナを中心に中近東からイベリアまで広く分布した野生のウマがいた．タルパン（*E. ferus ferus*，もしくは *E. ferus tarpanus*）である．東ヨーロッパでは，ウシの祖先種オーロックスとともに貴族の狩猟対象としてさかんに狩られ，1851 年にウクライナで狩猟者によって撃たれた個体が最後となっている．現在，頭骨がいくつかと毛皮がさまざまな言い伝えとともに残っている．

家畜馬にはさまざまな品種がある．これらの起源については，19 世紀末より多地域での複数起源説が唱えられ，たとえば 1970 年代当初の大学では，ウマの分類は複数起源説をもとにした 1875 年のフランクの分類が教授されていた．それによれば，現代馬の祖先は大きく 3 種に分類され，モウコノウマを祖先とする草原馬，タルパンを祖先とし現代のアラブ馬やサラブレッド種につながる高原馬，ヨーロッパ西部の森林にすむ，巨軀を有し現代の巨大な輓馬の祖先となった森林馬などである．このほかにバルト海の小格馬の祖先種が存在したとする説もあり，それぞれに学名が付されていた．

現在では，こうした体型のちがいは同じ種内の気候そのほかの環境に対する適応的変異型とみられており，現代の家畜馬の祖先は1種であった，すなわち *E. ferus* のみであったとみられている．そして，それらはおそらくタルパンによく似たウマであったろうと考えられている．じつはタルパン自体も，いったん家畜化されたウマが再野生化したものではないか，という説も根強い（クラットン-ブロック 1997）．なお，つい近年野生種といわれてきたモウコノウマ自体も，じつは再野生馬ではないかとする研究があることを付け加えておこう．

そこで問題となるのはプルシュワルスキー馬である．現存するプルシュワルスキー馬が現在のアジア在来種，たとえばモンゴル馬などによく似ていることから，また，現在のアラブ馬やサラブレッド種などと小格のアジア在来馬の外貌が大きく異なることから，タルパンが前者の祖先種であり，プルシュワルスキー馬がモンゴル馬の祖先種であるとする説がある．たとえば，中国の家畜史家である謝博士は，中国人の祖先がプルシュワルスキー馬を家畜化し，それが世界最古の家畜であると唱えている（謝 1977）．

こうしたプルシュワルスキー馬がモンゴル馬などの祖先種であるとする説は，血液タンパク質型の分類や染色体の調査，さらに遺伝子型の研究が発展するにつれ，否定されつつある．プルシュワルスキー馬の染色体数が $2n = 66$ である一方，現代の家畜馬がサラブレッド種からモンゴル馬，わが国の在来馬まで含めて $2n = 64$ であることから，おそらく現在の家畜馬の祖先は一元であり，それはタルパンによく似たウマで，ウクライナからトルキスタンあたりで家畜化されたものであろうとされている．ただし，アジアの家畜の由来を精力的に研究している野澤博士は，これら $2n = 64$ のウマが東へ移動する際にプルシュワルスキー馬の集団と接触し，プルシュワルスキー馬から家畜馬集団へ遺伝子流入が起こった可能性はあるだろうとしている（野澤 1992）．

家畜としてのウマの始まり

さて，ボタイで発見されたウマが最初の家畜馬であるとすると，ウマの家畜化はおよそ紀元前4000年ころということになる．従来の説では，紀元前3000年ころに黒海・カスピ海沿岸，ウクライナからウラルへかけての草原地帯のどこかで家畜化されたとされており，地域の点では矛盾はない．しかしながら，「古代のウマの家畜化がいつ，どこで行われたかを立証する確たる事実はほとんどない」（クラットン-ブロック 1997）といわれている．唯一確からしいことは，現在および過去の家畜馬は単一の祖先 *Equus ferus* の子孫であり，その家畜化の中心地はカスピ海北方，ウクライナのステップ地帯であったらしいことである．

ボタイの発掘以前は，最初の家畜馬は駄載もしくは牽引用であったとされていた．おそらく，それ以前に家畜化されていたウシやメソポタミアで家畜として使用されていたオナガーの使役からつながっていったものであろう．紀元前2000年ころと見積もられている．馬車の牽引は戦車（チャリオット chariot）へとつながり，兵器として大きく進展した．紀元前1900年には西アジアのヒッタイト人が戦車に乗り，バビロンを征服している．一方，東アジアでは紀元前2700年ころの伝説の黄帝の時代に，すでに軍用馬車があったともいわれているが，明らかなのは紀元前1500年の殷の時代で，有名な殷墟の車馬坑から出土する戦車，ウマ，戦士は当時のウマの使い方をよく示している．

ボタイでウマが乗用に用いられていたとすると，騎乗は紀元前4000年からということになる．紀元前3000-2000年ころのメソポタミアあるいはエジプトのレリーフや像には，騎乗するヒトのモチーフがある．明らかに騎乗が文化となっていたのは，紀元前1000年ころ，西アジアのアッシリア人およびカスピ海東部からモンゴルにかけての草原地帯に住んだ騎馬民族スキタイ人であった．現在も残っているアッシリアのレリーフやパジリク遺跡から出土するスキタイの壁掛けなどからみると，当時の馬具はハミと手綱だけであり，クラの代わりに簡単な敷物を使い，アブミはない．もっとも，現在でも北東アフリカのオマーンでは，国王の近衛連隊が自慢のアラブ純血種に乗るときの伝統的な馬装は，クラの代わりに敷物を使い，アブミはこれを用いないという（佐藤 2000）.

蹄鉄もアブミもその使用はかなり後世である．蹄鉄は，古代ローマにヒッポサンダルという名称のウマに履かせる鉄のクツがあるが，紀元前 1 世紀ころの古代ヨーロッパのケルト文化に，その源流があるらしい．一方，アブミは東アジアで開発されたようだ．後漢の墓出土の銅馬にアブミの痕があるともいわれるが，明らかなのは 4 世紀の西晋の遺跡から発掘されたものが最古のアブミらしい．しかし，これは漢民族の発明ではなく，はるか北方・西方の騎馬民族匈奴からもたらされたものではないかとも考えられている.

したがって，騎馬の英雄として古代世界に名高いアレキサンダー大王や項羽なども，みなアブミなしで乗っていたものであろう．大著『家畜文化史』を著した加茂博士は，古代文明圏がウマを自主的に取り入れた例はかつてないと喝破したが（加茂 1973），文明圏に住む人々がはじめて騎乗する辺境の蛮族をみたときには，恐れおののいたのであろう．アブミもなくクラもなくウマに乗る人々のイメージは，半人半馬の怪物，ケンタウルスとして伝説に残っていくのである.

わが国の家畜馬

さて，ここでわが国における家畜馬の起源について簡単にふれておこう．わが国の地層の第三紀中新世の沖積層下部から，化石馬が出土している．出土地の地名からヒラマキウマと名づけられたこの化石馬は 3 指馬であり，以後計 16 例が出土している．しかし，日本列島にヒトが住み始めてから，すなわち旧石器とともにエクウスが出土した例はなく，わが国でウマが家畜化されたという証拠はない.

一方，縄文・弥生両時代を通じて，いわゆる貝塚からウマの骨がいくつも出土しており，当初はこの時代に大陸からウマがもちこまれたのではないか，と考えられていた．しかし，3 世紀ころに存在した邪馬台国についてふれた中国の『魏志倭人伝』には，トラ・ヒョウ・カササギのほかウシもウマもいないと記されており，出土記録と一致しなかった．5 世紀から 6 世紀にかけて後期古墳時代に入ると突然，このころの遺跡からウマの埴輪や馬具などが多量に出土し始め，ウマを騎乗に用いていたことが示されている．

鎌倉末期の古戦場である鎌倉の材木座から，おびただしい人骨とともに掘り出された当時のウマの骨を精査した林田博士は，これらから推定したウマの体高に2つの分布があるとし，わが国には平均体高が130 cm程度の中型馬と，平均体高が115 cm程度の小型馬がいたとした（林田 1957）．これは現在の和種在来馬が御崎馬，木曽馬および北海道和種馬などの中型馬と，トカラ馬，野間馬，与那国馬，宮古馬などの南方島嶼産小型馬に分かれることとよく符合した結果となった．また，ほかのアジア諸国の在来馬では，四川馬や雲南馬，インドネシア・マレーシア・ビルマなどの東南アジア在来馬が比較的小格で，わが国の南方島嶼の在来馬と類似しているのに対して，大陸北部・西部のモンゴル馬などが木曽馬や北海道和種馬と近似した体高分布をもつ．こうしたことから，わが国の在来馬は異なる源から二度に渡って渡来したという二元説が唱えられるにいたった（林田 1968）．すなわち，縄文後期以降，南より島づたいに四川や雲南と同祖の小型馬が渡来し，それが現在の南方島嶼産の小型馬となり，弥生から古墳期にかけて中型馬が大陸北部より半島を経て渡来し，中型馬の源となったとするものである．この二元説は5, 6世紀に大陸から馬文化を伴った騎馬民族が渡来し，王朝を打ち立てたという騎馬民族国家説（江上 1976）と符合する部分が多いように思われたのであった．

しかし，遺伝学的な解析的手法が進歩し，こうした在来馬の血液が広範に採取され分析されると，この説には疑問がもたれた．わが国の在来家畜研究の第一人者のひとりである野澤博士は，アジアの各在来馬およびヨーロッパ系諸馬の近縁関係を血液型タンパク質の多型から検討した結果，わが国をはじめ東アジア諸国の在来馬が大きく2つに分かれるといった傾向はうかがえず，西からユーラシアを横切って伝わった家畜馬はモンゴル馬となり，さらにさまざまなルートで南下してそれぞれの地区で遺伝的淘汰を受けた結果，現在の在来馬が形成されたものではないかと考えた（野澤 1992）．そのうえで，わが国の在来馬についても二度にわたって渡来したという根拠はないであろうとしている．さらに，競走馬の血統登録に使用しているマイクロサテライトDNAマーカーを約20マーカー，20カ所のDNAを使用し，わが国の在来馬について系統樹をつくり分析した（戸崎

2017). その結果を系統解析すると，第一主成分および第二主成分による系統分布ではトカラ，宮古，与那国の各在来馬が遺伝的にやや離れる傾向がうかがえ，もしかしたら「二派渡来説」が有力か，とも思われたが，第三主成分という別の次元のデータを展開した結果，遺伝的にはひとかたまりであり，古い時代にウマが日本に入ってきて，それが地理的分布にもとづいて広がって飼養されてきたことを示す結果となった．

以上に加えて，縄文・弥生時代の貝塚から出土したウマの骨は，現在のような精密な年代測定がなされたわけではなく，実際に貝塚に埋められたのは，貝塚形成時よりはるか後年なのではないかと疑われ始めている．確かに年代特定方法が精密化して以後，こうした古い時代のウマの骨はまったく出土していない．

以上のように，現在のところ二元説は不利であり，一元説が有力であるようにみえるが，それではいつどこからわが国にウマがもたらされたのか，確たる証拠はいまだ得られていない．一元説をもとに大胆に推論すると，やはり古墳時代前後であると思われる．最近の人類学の一説には，百済からの渡来人は100万単位でわが国にきたとするものもあり（埴原 1988），こうした人々が大陸からウマをもたらしたのではないだろうか．

ウマと文明

家畜化されたウマは，人類の文明の発展に非常に大きな寄与を成し遂げている．まずは，その移動距離と速度が徒歩のヒトやウシなどに比べてはるかに大きい．短距離でレースをさせるために改良されたサラブレッド種は，1000 m を 50 秒台で走る．距離ではもちろん条件によるが，たとえば 13 世紀のジンギスカンと彼の騎馬軍団の移動速度が 200 km/日程度といわれている．もちろん，彼らは各兵士がそれぞれの替え馬を何頭も引き連れて移動したものだが，記録としては 20 時間で 300 km を越したといわれている．ロシアのアーカル・テッケ種は，1935 年に 4152 km を 84 日間で走破した記録がある．このうち，砂漠がおよそ 1000 km 含まれていたというから驚きである．

一方，力も強い．現代にいたっても，動力機器の能力を表すには「馬力 horse power」という単位が用いられているほどである．わかりやすいたとえとしては，十分に訓練された農用馬1頭にプラウを装着し，熟練した作業者が使用した場合，およそ1日で100 m四方の土地，すなわち1 haを耕起する．いかに頑強でも鍬(くわ)をもったヒトは，1日でこれほどの大面積をウマほど深くは起こせない．

ウマの力は，こうした個別的に卓越した能力にあるばかりではない．これらを組織的に，すなわちシステムとして文化にもちこんだとき，非常に強大な文明が築き上げられたことは歴史的な事実である．先述のジンギスカンのモンゴル帝国は，騎馬を有機的に戦術に取り込み，戦闘時の俊速な移動とともに情報の伝達や移動を以前とは比べものにならないほど迅速に行い，ユーラシアの覇王となった．それより500年ほど前のイスラム文明圏の勃興は，船とウマによる商業路の開拓による世界的ネットワークの構築によるところが大きい．ヨーロッパ北西部が中世の慢性的な飢饉状態から脱したのは，三圃制農業を取り入れ，連作を止めてウマなどの使役用家畜の飼料作物生産を取り入れたうえで，耕作地を拡大したところにある．

近年まで，家畜馬をもたなかった民族としてアメリカ先住民がいる．北米でインディアンといわれた諸部族は，いわゆる西部劇映画ではあたかも騎馬民族のように描かれ，そう誤解している向きもあるが，彼らの世界にウマが入ってきたのは16世紀以降である．1.1節で述べたように，アメリカ大陸では不思議なことに約1万年前にエクウスは絶滅した．最初にアメリカ大陸にウマをもちこんだのは，コロンブスをはじめとする初期ヨーロッパ人探検隊であった．さらに，それに続くスペイン系移民・征服民はメキシコ湾沿岸を中心にコロニーをつくっていったが，彼らはスペインが誇るアンダルシア系のウマをもちこんだものと思われる．そして1550年当時，すでにこの地区の現在のメキシコ・シティ付近に，およそ1万頭のウマがいたと見積もられている（Crosby 1972）．ここから草資源が豊富な北米全体にウマが広がっていくのに，さほど日数は必要ではなかったろう．1874年に北米の平原には12万人の平原インディアンが居住し，彼らはおよそ16万頭のウマを所有していたと見積もっている研究者もいる（Berkley 1980）．

一方，南米も似たような状況であった．1535年に，スペイン人メンドーサは現在のブエノスアイレスの地に居留地を設けたが，食料不足のため十数頭のウマを残してこの居留地を放棄した．ところが1580年に，新たな移住者がこのブエノスアイレスにたどりついたとき，彼らは平原にウマが満ちあふれているのを発見した．

さて，こうしてそれまでウマをもたなかった民族にウマがもたらされたことは，どのようなインパクトを彼らの社会に与えたのであろう．北米の平原インディアンの社会に与えたウマの影響は，以下のように推察されている（Anthony 1986）．まずウマ自体の利用として食肉があり，高速・大量・遠距離の運搬，狩猟およびほかの部族との戦争などがもたらされた．その結果，第1次インパクトとして草原での生業がより生産的に安定計画的になり，行動範囲も5倍程度に増えた．さらに，歩いて戦争する他部族や定住生活を営む部族に対して，圧倒的に優位に立った．これらは第2次インパクトを産む．すなわち，社会集団の規模は約10倍になり，ウマによる富が集団内の社会的格差を増大した．広大な領域での交流・軋轢・略奪が多くなり，コミュニティ関係は再編が行われ，なわばりや資源の争いが増加し，社会における武力的価値が増大した．

こうした社会は，おそらくアジア各地でみられた古代から中世の大帝国創出への兆しを含むものである．ウマなくしても，北米先住民の社会は十分に社会的に成熟していたとみられ，これにアンソニー博士が推測したような変化が歴史的に積み重なれば，国家が産み出されていたかもしれない（Anthony 1986）．もし，アメリカ大陸にウマがいて，それらが家畜化されていたならば，15世紀に白人がアメリカ大陸に到達しても，安易に征服はできなかったろう．

第2章 いち早く逃げるために
ウマのかたちとその役割

2.1 走るためのかたち

草原を生きる場に選んだウマたちは，食料が豊富な代わりに見晴らしがよく捕食者にねらわれやすい環境で生き残るため，さまざまな戦略を選び，長い進化の過程のなかで自らのからだをつくりかえていった．第1章で述べたような消化器官の変化も，ウシやシカのように角をもたない代わりに硬くしまった1本指で蹄を形成させたことも，こうした戦略の一環であったのだろう．これらウマたちの選んだ戦略を大きく特徴づけていることに，「走る」ということがある．既述のように，現代の改良の進んだ家畜馬は400 m をおよそ20秒強で走ることができる．時速に換算すると，およそ70 km/時となる．ヒトではもっとも速い短距離選手は100 m を10秒前後で走るが，これは時速36 km/時程度である．50 cc の原付自転車の法定制限速度30 km/時をやや上回る程度が地上最速の人類である．

もっとも速く走る哺乳類はチーターであるといわれ，この動物の最高速度は時速100 km/時を超える．しかし，このスピードもけっして長くは続かない．せいぜい数百 m 程度といわれているようだ．一方，ウマは競走用のサラブレッド種であれば，時速60 km/時程度を4000 m は維持できよう．さらに，家畜馬の長距離走の記録では，ロシアで成立した品種のドン種が24時間で284 km（170マイル）を走ったとか，中央アジアのアーカル・テッケ種が84日間で5000 km 弱を走りきったとか，さらにはアルゼンチンのクリオージョ種はブエノスアイレスからニューヨークまでの約1万5000 km を走破したとかいう記録がある．ヒトの鉄人レースでは100 km 走破があるが，100 m を10秒で走る短距離選手も，100 km 走破の鉄人レースも，練り上げたアスリートの世界である．その昔，北海道の牧夫や馬方，博労たちが北海道和種馬で道内を移動するときは，じみち（側対(そくたい)

歩）で1日100 kmが普通のペースであったと聞いている．競技ではなく日常的な作業としての移動である．このように，ウマはスピードだけではなく持続力も飛び抜けた動物なのであろう．こうした優れた「走る」能力には，蹄，筋肉および腱，走法，バランス，心肺機能などがそれぞれ関与している．

まず蹄だが，すでに述べたように，ウマ属はおよそ5000万年かけて，第三指1本で体重を支える独特の足の構造を獲得した．そして，そのつま先に蹄という不思議な構造物を発達させた．

一般に哺乳類の足は蹠行型，趾行型および蹄行型の3種類に分けられる（図2-1）．ヒトやクマ，ネズミなどのように，趾骨から足根骨までを地表にぺたりとつけて歩く動物は蹠行型とよばれ，扁爪をもつヒトなどと鈎爪をもつクマなどに分けられる．安定がよく2本足で立つことが可能だが，走行にはあまり適していない．趾行型は趾骨全体を地表につけて歩くタイプで，ヒトでいえばつま先立ちのかたちになる．鈎爪をもつこの趾行タイプは，走るのにも獲物を捕るにも木に登るにも適しており，イヌやネコおよび地上最速のチーターなどがこのタイプである．蹠行型も趾行型も地表部と接する部分には肉球がよく発達している．蹄行型にはウシ，カモシカ，ヒツジ・ヤギ，ブタさらにウマなど家畜化された動物が多い．趾骨先端に皮膚表層の角質膜が厚く発達して蹄を形成し，つま先を保護し体重を支えている．

ウマは蹄行型の1つの典型で，第三指のみが残り，ここに強く硬い蹄が発達している．ウマは比較的平坦な硬めの地面をより速く走るために，単位時間あたりの歩数と歩幅をより大きくする戦略を選択したようだ．そのため，体重を支える指の数をさらに単純化して先端部を硬い角質層で覆い，ついには第三指1本で体重を支えるような現在の蹄というかたちにいたったものであろう．

このような1本指で支えられたウマはどのように歩き，走るのであろうか．まず，ウマ独特の移動行動の動作と，ウマ独特の用語を説明しておこう．ウマは四肢を使っての移動行動において，いくつかの異なる行動動作を示す．おおむね，移動のスピードと対応するが，完全に一致しているわけではない．この移動行動の動作のちがいを「歩法」（gate）という．ウ

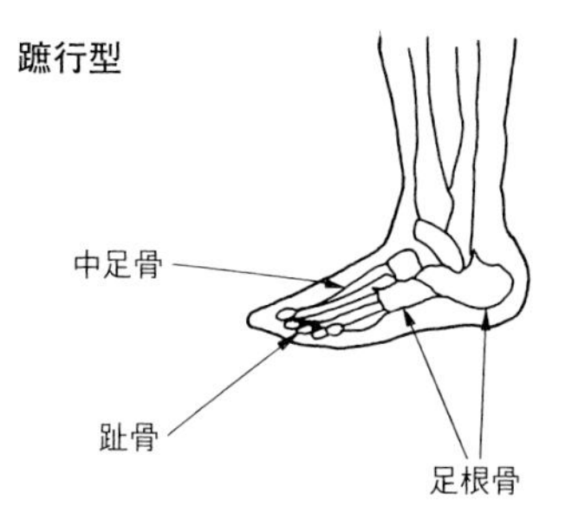

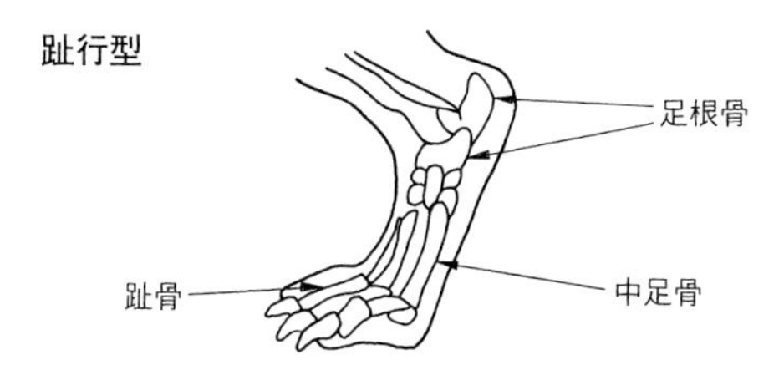

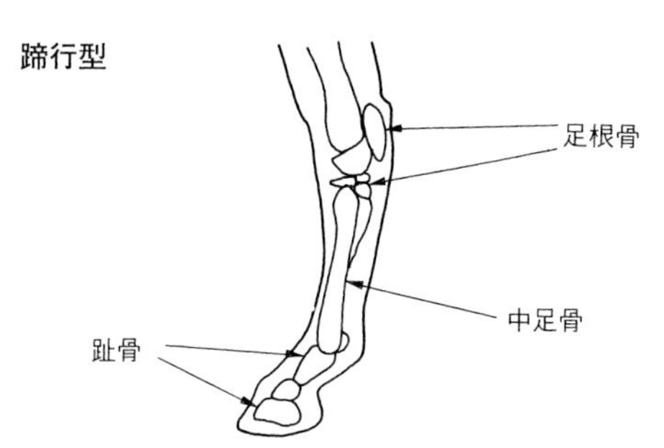

図 2-1 蹠行型，趾行型および蹄行型
（日本中央競馬会 1997 より改変）

マの歩法は100-200とおりもあるともいわれるが，ここでは代表的な歩法5つを説明する．なお，以下の（　）内は，日本語ではこうした言い方をする場合もあるという例と英語の用語を示した．常歩（なみあし，walk），速歩（斜対速歩，はやあし，trot），側対歩（側対速歩，じみち，pace），駈歩（緩駆歩，canter），襲歩（駆歩，かけあし，gallop）とよばれるものである．古い馬学書では，常歩はおよそ100 m/分，速歩は210-240 m/分，駈歩は310-520 m/分とされているようである．

本書では，山口大学の徳力教授の総説に従い，常歩，速歩，側対歩，駈歩および襲歩を用いる（徳力 1991）．また，北海道和種馬の世界では，側対歩を「じみち」，より速く，かつ前肢を高く上げて側対歩するものを「あいび」という．ただし，わが国の古式馬術では常歩（なみあし）を慢行と記し，じみちと称したことは，会津藩の古流馬術書を渉猟した小説作家の中村彰彦氏によって確認されている（私信 1998）．同氏は『会津藩教育考』からこれらを調べ出したが，会津藩の馬術は大坪流もしくは大坪古流に由来するものであり，おそらくこの言い方は江戸時代には比較的一般的だったのだろう．さらに同氏によれば，速歩を緊行，駈歩を駈行と称したという．

さて，常歩，速歩および側対歩は，同じ側の前後肢の動きが反対側の前後肢と対称的な動きをするところから対称的歩法とよばれ，駈歩および襲歩は対称的な動きをしないところから非対称的歩法とよばれている．非対称的歩法では，ある1肢が着地してからつぎに着地するまでの1サイクルを1完歩（stride）という．1完歩は蹄が接地している期間と接地していない期間があり，前者をスタンス相，後者をスイング相とよんでいる．また，手前という言い方がある．襲歩や駈歩の場合，図2-2のタイミングでは反対側の肢より遅れて地表を離れる肢をいう．なお，手前肢から始まるタイミングでみると，左手前の場合，左前肢，右後肢，左後肢と右前肢（がほとんど同時，ただし左後肢がわずかに早い）の順となる（シンプソン 1989）．

常歩，速歩，側対歩，駈歩および襲歩の肢の運びを図2-2に示した．常歩は，いわゆる「ウマが歩いている」状態で，どちらかの前肢が前へ出て接地するのとほぼ同時に，反対側後肢が前へ出て接地する．実際には完全

歩法	四肢	進行方向 →			
常歩	左後肢				⊃
	左前肢	⊃			
	右後肢		⊃		
	右前肢			⊃	
斜対速歩	左後肢		⊃		⊃
	左前肢	⊃		⊃	
	右後肢	⊃		⊃	
	右前肢		⊃		⊃
側対歩	左後肢	⊃		⊃	
	左前肢	⊃		⊃	
	右後肢		⊃		⊃
	右前肢		⊃		⊃
駈歩（左手前）	左後肢		⊃		
	左前肢			⊃	
	右後肢	⊃			
	右前肢		⊃		
襲歩（左手前）	左後肢		⊃		
	左前肢			⊃	
	右後肢	⊃			
	右前肢		⊃		

⊃：蹄が地表を打つタイミングを示す

図 2-2　ウマの歩法模式図（Waring 1983 より作成）

に対称的に動いているわけではなく，後肢の動きは若干遅れる．すなわち，左前肢が接地すると，すぐ右後肢が接地し，ついで右前肢，左後肢となる．4 拍子のリズムで動くことになる．このとき頭部は前肢の動きに合わせて上下に動く．

速歩は常歩の動きを速くしたものである．すなわち，単位時間あたりの歩数と歩幅が大きい常歩といえる．ただし，前肢の接地に対して，反対側後肢の接地はほぼ同じか，ほんの少し遅れて起こる．速歩で移動するウマに騎乗しているヒトはしたがって，ウマの歩くリズムに従い，お尻を突き上げられることになる．いわゆる「反動を抜く」軽速歩（イギリス式速歩）という乗り方（フィリス 1993）では，この 2 拍子の「お尻突き上げ」を，腰をもち上げることによりゆったりとした 4 拍子に変えて乗ることとなる．

同じ 2 拍子の速歩でも，側対歩の肢の運びはまったく異なる．同じ側の前後肢がほぼ同時に前へ出て接地する．わが国では古く「南蛮歩き」と称されたヒトの歩き方がある．左足が前へ出るときに同時に左手が前へ出て，逆に右足が前へ出る場合は右手が前へ出る歩き方である．現在では奇妙な歩行動作であるが，100 年以上前はわが国にはこうした歩行動作が存在した．側対歩はいわばこうした南蛮歩きと同じ順序で前後肢が動くものである．ラクダやゾウ，キリンが側対歩で移動する．すなわち，こうした歩き方は本来重心の高い動物に特有なもので，側対歩は左右に動く体重を利用した省エネルギー的な歩法なのかもしれない．

アジア系の在来馬では，生まれつき自然に側対歩を示すウマがいる．北海道和種馬でも，生まれつき「側対歩」歩法で歩く個体が見受けられるが（図 2-3），通常側対歩を示さない北海道和種馬でも，長距離を追われて疲れると側対歩に移ることが多いといわれ，こうしたことからも側対歩は速度のわりにエネルギー消費が少ない歩法なのかもしれないが，推測の域を出ない．西洋馬術の世界では，側対歩は訓練により教え込むことが多い．なお，興味深いことに，側対歩しないサラブレッド種のウマを泳がせると，足の運びは側対歩様の順で動く．

側対歩で騎乗した場合，ウマの背の上下動はきわめて小さく，騎乗者はお尻を突き上げられることはなく，比較的のんびりと乗ることができると

図 2-3 側対歩する北海道和種馬（1998 年北海道和種馬共進会にて）

図 2-4 カザフ馬の側対歩（ジョロック，ジュンガル砂漠北部にて）

いわれている．前述のように，一昔前の北海道和種馬を使った長距離の移動はおもに「じみち」で行われたことを紹介したが，こうしたエンデュランス競技並みの強度の使役が日常的に可能であったのは，側対歩という独特の歩法に由来している可能性がある．また，中央アジアの草原地帯の騎馬民族であるモンゴル族やチベット族，カザフ族は，こうした側対歩をジョロック，もしくはジョロガイといい，珍重する（図 2-4）．なお，北海道和種馬では側対歩のゆっくりしたものを「じみち」，力強くより速い側対歩を「あいび」と呼称しているが，中央アジアの騎馬民族はこうしたジョロックを滑らかさやスピードにより 5 種類に分類している．より長距離を騎乗者の負担をより少なく，しかもより速く移動するためには，この歩法が適しているのかもしれない．なお，速歩も側対歩もウマの頭部の上下動は小さく，頭部はほぼ同じ高さで保持される．欧米では側対歩はペースといい，アイスランドポニーなどは生まれつき自然にペースを行う（ナチュラル・ペーサー）として知られているが，一般には訓練によって側対歩させる．ただし，北米のインディアン関係の小説（ブレイク 1991），ノンフィクション（グウイン 2012）や『シートン動物記』（1976）では，インディアンや騎兵隊の乗用する北米在来馬（ムスタング）にはペーサーが少なくはなかったように読み取れる．ムスタングの遠い原種は中央アジアのステップに源をもつウマで，北アフリカを経てムーア人とともにイベリアにいたり，スペイン人により北米にもたらされている（Dobie 2015）．この馬種もつぎに述べるような側対歩の DNA をもっているのかもしれない．スウェーデンの研究者がアイスランドポニーを用いた遺伝子解析により，ナチュラル・ペーサーは独特の遺伝子をもつことが明らかになっている（Andersson *et al.* 2013）．この研究では 23 番染色体にある DMRT3 遺伝子に DNA 変異が起こっており，この変異により側対歩が起こる可能性が高いとされている（戸崎 2017）．すなわち，側対歩を示すウマでは，その DNA 多型によって後半部分（174 個のアミノ酸配列）が欠損した変異型（タンパク質変異系アレル）がつくられ，この変異型アレルをホモ接合でもつ「変異型/変異型」の個体で側対歩を多くみることができるという．なお，「正常型/正常型」や「正常型/変異型」の個体では基本的には観察されないらしい（Andersson *et al.* 2013）．わが国でも北海道和種馬の遺伝子解析を行い，遺伝子型としてA/A，A/CおよびC/Cがあり，側対歩を示す北海道和種馬はA/AおよびA/Cをもつが，側対歩を示さない北海道和種馬およびほかの馬種はC/Cをもつことが北海道草地畜産学会における口頭発表で示されている（上田ほか2013）.

駈歩は，別名緩襲歩（もしくは緩駆歩）ともいい，襲歩が緩やかになった歩法と考えられるので，ここでは襲歩について説明する．襲歩はウマが最高速度で走るための歩法である．左前肢から始まる場合と右前肢から始まる場合がある．左前肢から始まる場合，左前肢，右後肢，左後肢と右前肢と接地し，再び左前肢に戻る．ただし，左後肢と右前肢はほとんど同時もしくは左後肢がわずかに早いとされている．右前肢から始まる場合は，上記の逆の順序で接地が起こる．

手前のちがいのほか，襲歩には2種類あることがわかっている．回転襲歩（ロータリーギャロップ）とよばれる歩法と交叉襲歩（トランスバーギャロップ）とよばれる歩法である．左手前の回転襲歩の着地順は左後，右後，右前，左前，そして四肢すべて離地となるが，左手前の交叉襲歩の着地順は右後，左後，右前，左前，そして四肢すべて離地となる．着地順が回転順になる場合と，右から左と交差する場合のちがいである．一般に，回転襲歩は競走馬では発走直後にみられるが，どの程度持続するかはかなり個体差があり，短いもので最初の3完歩，長いものでは約200 mぐらいといわれている．その後はどのウマも交叉襲歩に移行する．なお，回転襲歩はダッシュがつくが，エネルギー消費が激しいとされている．

襲歩もしくは駈歩時のウマの頭部は手前肢が前方に投げ出されたときに下がり，後肢が地表を蹴った時点で上方へ上がる．この動きは，疾走時のからだのバランスを保つために非常に重要な動きである．なお，やはり高速で走るチーターやグレイハウンドなどでは頭頸部がウマほど長大ではなく，最高速度で走っているときは，柔らかな背骨を弓なりに屈曲させることによりバランスを保っている．一方，ウシなどを追い立てて，ウマでいう襲歩に近い歩法をとらせると，肩部と腰部が激しく上下する．ウマのように頭頸部を柔らかに上下することもできず，チーターのように背骨の屈曲もできないウシでは，肩と腰部を順に上下させてバランスを保っている．したがって，ヒトが乗った場合，チーターもウシも襲歩時にはきわめて乗り心地の悪い動物にちがいない.

ウマの襲歩時の頭部の動きは，厳密には体軸に対して垂直ではなく，実際は下がったときに手前肢方向にずれ，やや斜めの移動軌跡を描くといわれている．襲歩時に非対称的歩法をとることと関連し，やはり重心のふれを頭部の動きで補正しているものであろう．なお，左回りの急カーブを右手前で回ろうとするとウマは転倒しやすい．こうした事実を考慮すると，じつは襲歩は直線を走るためのものではなく，緩やかなカーブを描いて走るための歩法ではないのだろうか．草原で暮らしていたウマたちが襲歩で走る場合は，例外なく捕食者に追われたときであったろう．後述のように，ウマやウシの視野は広く，かなり後方までみることができる．したがって，逃げるときは緩やかなカーブを描き，つねに後方の捕食者を視野に入れながら逃げたものだろう．このとき，手前はつねにカーブの内側の肢であり，頭部は下がったときに手前肢側にやや振り込まれ，バランスを保持すると同時に内側後方の敵を監視したのではないだろうか.

こうした歩法の解析が行われるようになったのは，19 世紀の後半に入ってからである．米国のマイブリッジ氏が 6000 分の 1 秒でシャッターが切れる精度のよい写真機を 20 台以上用いて，移動するウマの連続写真を撮影した（シンプソン 1989）．その結果，人類ははじめてウマの歩法を知ることになったのである．実際それまでは，絵画や彫刻に描かれたウマの足運びは想像で描かれたものであった.

さて，以上のようなウマの歩法は，すらりとした四肢とバランスよく発達した筋肉および腱によって支えられている．図 2-5 にウマの後肢の筋肉および腱の模型の写真を示した．半膜様筋，半腱様筋，大腿四頭筋はじめ，大きな力強い筋肉が骨をしっかり保持している．四肢の骨格では，肩甲骨，寛骨に続く上腕骨および大腿骨が橈骨および脛骨より太く短い．そして，この太くて短い骨群のまわりにおもに上記の筋肉が発達している．すなわち，これら上腕骨および大腿骨とそのまわりの筋肉が疾走時に橈骨および脛骨以下を地面から引き上げ，前方に降り出して地面をとらえて保持し，体重を移動させるとともに地面を蹴る．この一連の肢の動きには，「地面をとらえ」重心の移動を制動・保持する動きと，「地面を蹴り」推進力を得る動きが含まれている.

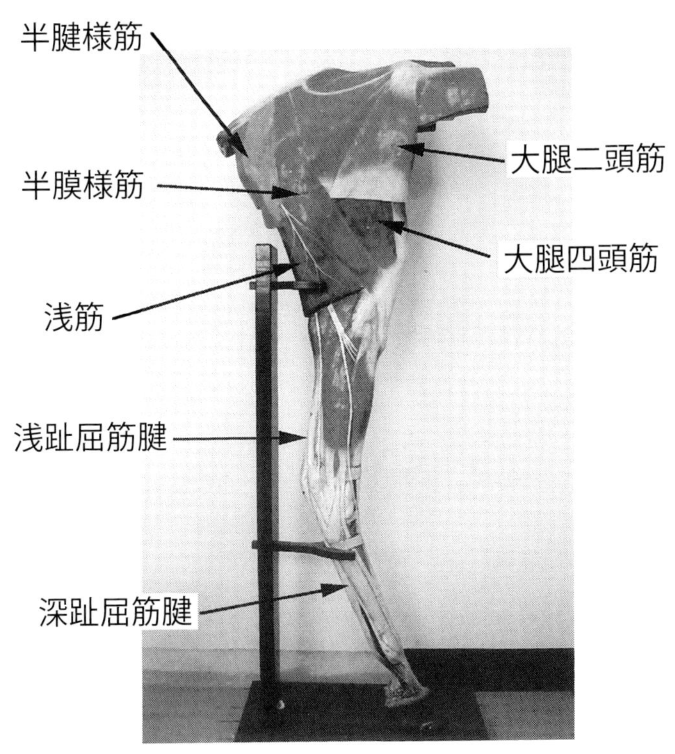

図 2-5 ウマ後肢の筋肉および腱

精度の高いフォース・プレートを用いて，前肢と後肢のこれら制動力と推進力を計測した研究によれば，常歩時には前肢の制動力と後肢の推進力はほぼ等しい値であったが，速歩ではそれぞれが常歩時より増加することが報告されている（上田ほか 1981）．さらに常歩，速歩，駈歩，襲歩と速度が上がるにつれて，前肢の支持機能としての働きおよび後肢の推進機能としての働きが増していくことが示唆された．これらは，非常に大まかにいって，ウマは後肢で地面を蹴って強大な推進力を得て，前肢で前方へ突き進む推進力をコントロールして方向を定めるメカニズムになっているといえる．

哺乳類の骨格筋は筋線維で構成されているが，この筋線維にはさまざまなタイプがあることが知られている．筋収縮速度で分類すると，収縮が速

表 2-1 各種ウマのエネルギー供給系の配分（天田 1998 より改変）

レース距離	品　種	無酸素系の割合	有酸素系の割合
400 m	クオータホース	60%	40%
1000 m	サラブレッド	30%	70%
1600 m	サラブレッド	20%	80%
1600 m	スタンダードブレッド	18%	82%
2400 m	スタンダードブレッド	10%	90%
3200 m	サラブレッド	7%	93%
80 km	耐久競技	2%	98%

いものと遅いものに分けられる．ウマでは，筋収縮速度により「遅い」「速い」「非常に速い」という3種の分類が報告されている（Snow and Valberg 1994）．200–400 m で最高のスピードを出す短距離型のクオータホース種と 3000 m もトップスピードを維持させるサラブレッド種では，筋肉中の筋線維のタイプの割合が異なることが知られているが，これらはつぎに述べるエネルギー供給系と密接な関係があるのであろう．

すなわち，われわれ哺乳類のエネルギー供給系は3つの系からなっている．ヒトの短距離走など短時間で急激な運動では，非乳酸性機構によりエネルギーが供給される．これは ATP–CP 系からエネルギーが供給されるもので，一方，マラソンなど長時間で耐久力を必要とする運動では，有酸素系からエネルギーが供給される．このほか，無酸素でグリコーゲンから乳酸を生成しつつエネルギーを産み出す無酸素系のエネルギー供給系があり，30 秒から1分 30 秒程度の運動ではこれと ATP–CP 系から，1分 30 秒–3分の運動ではこれと酸素系からエネルギーが供給されると考えられている．これによると，競走馬では 1600 m 程度の競争までは無酸素系のエネルギー供給の割合が高く，それ以後距離が長くなるに従い，有酸素系のエネルギー供給が多くなることが予想される．

ただし，最近トレッドミルなどを用いて酸素負荷量からこうしたエネルギー供給系の割合を検討した報告では，1000 m 程度の競争でも有酸素系が大きな割合を占めるとしている（表 2-1）．この表では，クオータホース種の 400 m レースのみが無酸素系の割合が有酸素系より多く，3200 m では全エネルギー供給の 93% が有酸素系によってまかなわれている．こうしたエネルギー供給系のちがいと筋線維の構成の関係は，まだ明らかでない部分が多い．しかし，ウマは哺乳類のなかで卓越したスピードと持久力を提供する筋肉をもつことがうかがわれる．

さて，ウマが最高スピードの襲歩で移動しているのをみると，まさに筋肉の躍動美そのものだ．むだのない美しい筋肉の動きが，力強い一歩一歩を産み出していく．ところが，実際のウマの運動時には，筋肉とともに腱が非常に大きな働きをしている．これらは以下に概説する山口大学の徳力教授の総説が明瞭に説明している（徳力 1991）．

もう一度，図 2-5 をみてもらいたい．ウマの四肢の筋肉はおもに上部の太くて短い部分に集中しており，中手骨から下はおもに腱が骨を取り巻いている．腱は筋肉と骨を結ぶ大事な器官であるが，ウマの場合，それ以上に大きな役割をもっている．じつは腱は伸縮するバネの役割を務めているのである．こうした中手骨周辺のさまざまな腱は少ないもので 0.3%，大きいものは 3.4% もの伸張率をもつ（Riemersma *et al.* 1988）．すなわち，ウマは前方に投げ出した肢が接地してスタンス相に移ったとき，体重と推進力のうちの垂直分力を受けると，脚部の腱が伸びることによりそのエネルギーを貯蔵する．スタンス相後半には，慣性により前方へ向かう重心を，腱が収縮して貯蔵したエネルギーが推進力に変える．このとき肢上部の筋肉は，実際に地面を後方に蹴って推進力を得るというよりは，腱から派生した収縮力を利用し，その後は船を推し進めるために櫂を漕ぐように，重心を前方に移動させる．ついで肢をもち上げスイング相に移り，つぎのスタンス相に備えて肢を前方へと移動させる．

このようにウマの歩法は，イメージとして満身の力で一歩一歩蹴り上げながら前進していくように映るが，じつは腱の伸縮力と肢を櫂のように用いた，いわばバネ走法および船漕ぎ走法なのである．おそらくこの走法が，「速い」および「遅い」筋収縮速度をもつ筋肉と組み合わさり，たぐいまれなスピードと卓越した持久力という，相反する２つの能力を１つの個体のなかで具現した秘密なのであろう．ただし，ウマの腱に関する研究は最近始まったばかりであり，知見は多くはない．

北海道大学大学院農学研究科の畜産資源開発学講座で家畜の皮や毛皮，結合組織などの副生物利用の研究を行っている中村博士が，成長に伴う北海道和種馬の浅指屈筋腱の組織学的変化を追究した研究によれば，ウマの

表 2-2 各種哺乳類の心臓重量および体重比（天田 1998 より改変）

種	心臓重量（g）	体重（kg）	心臓重量/体重*	備　考
ヒト	270	66	0.41	白人
イヌ	95	15	0.64	雑種犬
イヌ	309	25	1.26	グレーハウンド種
ウマ	4688	485	0.97	サラブレッド種
ウマ	4700	771	0.61	ペルシュロン種
ウシ	1905	552	0.35	ホルスタイン種
ゾウ	26000	6654	0.39	アフリカゾウ

*（心臓重量/体重）×100.

腱は加齢に伴い水分含量が減少し，コラーゲン含量が直線的に増加したが，コラーゲンの不溶化は段階的に変化した（中村ほか 2000）．さらにこの研究では，成長から成熟期に移るに従い，約 40% のコラーゲンが不溶化し，腱線維の直線化とコラーゲン線維束の緻密化が観察された．こうした組織学的および生化学的変化が，ウマの走行時の腱の弾力性と強く関連しているにちがいない．

一方，こうしたウマの走るための省エネルギー戦略に関して，さらに興味深い報告がある．トレッドミルの上でポニーを走らせ，酸素消費量と歩法の関係を検討して，各歩法における酸素消費量を歩行速度で除した酸素コストを計算した研究によると，ウマはそれぞれのスピードに対してもっとも酸素コストの少ない歩法を選んでいることが示唆された（Hoyt and Taylor 1981）．すなわち，ウマは全力で捕食者から逃げなければならないときは襲歩を選ぶが，この歩法はこのスピードが要求されている状況下ではもっとも酸素コストが低く，やや速めの移動など速歩のときもそれなりにエネルギーセーブしながら移動していることを意味している．

こうした優れたスピードと持久力および省エネ性はまた，特別の循環器によって支えられている．表 2-2 に各種哺乳類の心臓重量とその体重との比を示した．ヒトの心臓の大きさは，体重と比較するとおおむねウシやゾウと同じ程度であるが，競走用のサラブレッド種のそれは飛び抜けて大きい．これを凌駕する比をもつ哺乳類は，猟犬であるグレーハウンド種のみである．

さらに，運動生理学的には競走馬の心拍数の変化も大きい．サラブレッ

図 2-6 ウマ運動時の内臓の動きと呼吸との関係（天田 1998 より改変）

ド種の安静時心拍数は 26-50 拍/分であるが，分速 1000 m/分程度で走ると毎分 220 拍にも達する．過酷なエンデュランスレース（長距離耐久レース）では，中間地点で計測する心拍数が 30 分以内に 60 拍/分以下にならなければ失格であるが，健康なウマは激しい運動時には急激に心拍数が上昇して多量の血液を体内に循環させ，休息時にこれまた急激に低心拍に戻るという，特異な循環器機能を有している．こうした心臓の特徴のほかに，大きく開いた鼻孔をはじめ，酸素の取り込み能力も大きい．

しかし，こうした心肺機能の生理学的特徴もさることながら，駈歩・襲歩時の物理的な呼吸補助機能も興味深い．すなわち，激しい運動である襲歩や駈歩では，完歩と呼吸数が完全に連結するようになる（Bramble and Carrier 1983）．この連結の生理的機序については明らかでない部分も多いが，物理的には内臓のピストン運動が関係しているとみられている．ウマの腹腔内には，およそ体重の 30% にも及ぶ臓器が収容されている．体重 500 kg のウマなら 150 kg にもなる．襲歩時に前肢が接地し制動力を働かせたとき，この 150 kg の内臓は前方に移動し，横隔膜を圧迫する．ついで，前肢が地面を蹴り，推進力を得たときは腹腔内臓器は後方へ移動し，横隔膜に陰圧を与える．前者が呼息時と，後者が吸息時と一致すれば，非常に大きな呼吸の補助作用として働く．この関係を図 2-6 に示した．

競馬のコマーシャルに，疾走するサラブレッド種のキャッチコピーとして「走るために生まれてきた……」というものがあった．サラブレッド種の歴史からみればこれはまちがいで，「走らせるために産ませてきた」が正しいだろう．ただし，この節で説明したように，サラブレッド種だけではなく，あらゆるウマは，じつは鼻の穴から蹄の先まで「走るために生まれてきた」動物であるといえる．

2.2 見る・聞く・嗅ぐ

発見されやすい草原で暮らしてきたウマは，「走る」能力をとことんまで追求してきた動物である．だが，どんなに速くても敵の発見が遅ければ逃げ切ることはできない．そこでウマは，感覚器官のうち「視覚」にも独特の発達を遂げている．

第1にあげられるのは，前節でも述べた視野の広さである．もっともこれはウマだけの特徴ではなく，一般に被捕食者である動物全般の特徴である．ウマの目の位置とネコの目の位置を比べてみよう．ネコの顔を真正面からみると，目が2つはっきり並んでみえる．一方，ウマの目は，正面からでは両目のかたちが明確にみえない．ウマの目は基本的に顔面の横側面についている．ネコやライオンなど捕食者である動物にとって，目の役割は相手を発見するばかりでなく，飛びかかる際の距離の測定を行わねばならない．そこで，両眼視が必要となる．測距計のようにある程度離れた2点から対象物をみて，三角測量の要領で対象物までの距離を見積もる．中枢系で2つの視野から入ってきた情報を，実際にどうやって統合して距離感に置き換えているのかはまだ不明であるが，食肉類から鳥類の猛禽類まで，獲物を捕る動物は両眼が顔面前部に並んで位置しているのは事実である．

ウシやシカ，ヒツジ，ウマなどの目は顔面の横側面についている．すなわち，つねに追われる動物である彼らにとっては，対象物までの距離を測るより，いち早くその存在を発見することが重要であり，それぞれの目がなるべく広い範囲を視野におさめることが重要となる．図2-7にウマの視野を模式的に示した．およそ350度の範囲が視野におさまっている．完全に死角となるのは，尾を中心とするごく狭い範囲に限られている．もし，ウマが日常的にみている風景をヒトの感覚で再現するなら，超広角レンズで撮影した写真のようになるだろう．なお，ウマが両眼視できる範囲は，顔面の前方60-75度に限られており，たとえば障害を飛び越えるときなど

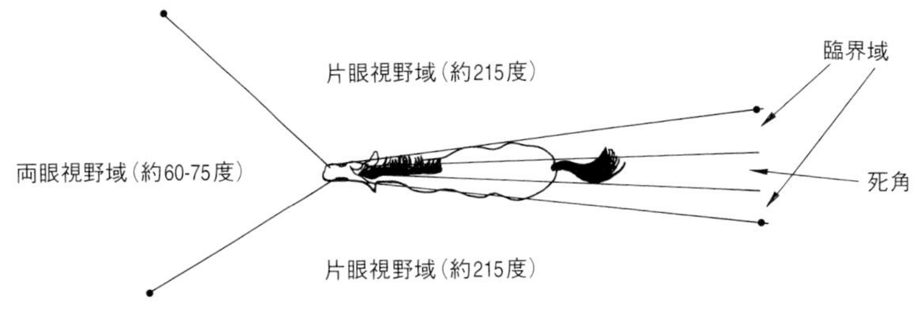

図 2-7 ウマの視野（Waring 1983 より作成）

距離感が重要になる状況では，ウマは対象物がこの範囲内に入るように顔面を位置する．また，死角は後方のみではなく顔面の直前にも存在する．両側面に目が位置しているため，鼻梁がじゃまになり顔面直前の領域は死角となる．

前節で少しふれたが，もしかしたら襲歩や駈歩などは，本来直線的に走ることを目的としないかもしれないと述べた．これはキツネに追われるウサギがつねに弧を描いて逃げるところから連想しうるものであるが，ほかにもそう思わせるような現象がある．「すべての道はローマへ通じる」という格言に出てくるローマへの道は，もともとはケモノ道を利用した移動路を整備したもので，その結果，けっして直線ではなく緩やかな弧を描いていた．被捕食者である草食獣が移動時にも捕食者に後をつけられていないかどうか，常時後方数百 m を片方の目の視野におさめて歩くため，ゆったりとした弧を描いた移動経路になったといわれている．ウマも襲歩や駈歩のみならず，移動時には本来弧を描いて歩くものなのかもしれない．

競馬などで，ウマが目の後方に眼帯のような覆いをつけているのをみたことがあるだろう．これは遮眼革もしくはブリンカーとよばれる一種の目隠しで，こうした広い視野の一部をウマから覆い隠すためのものである．ウマによってはたいへん神経質な個体もあり，こうした個体は視野に入ってくるものすべてに過敏に反応する．騎乗中や馬車などを引かせているときに，周囲の状況にいちいち驚いていたのではたいへん困るので，こうして広い視野を覆い，前方のみにウマの注意を集中させるためにウマに装着する器具である．

図 2-8 にウマの眼球の断面模式図を示した．以前は，ウマの眼球断面は

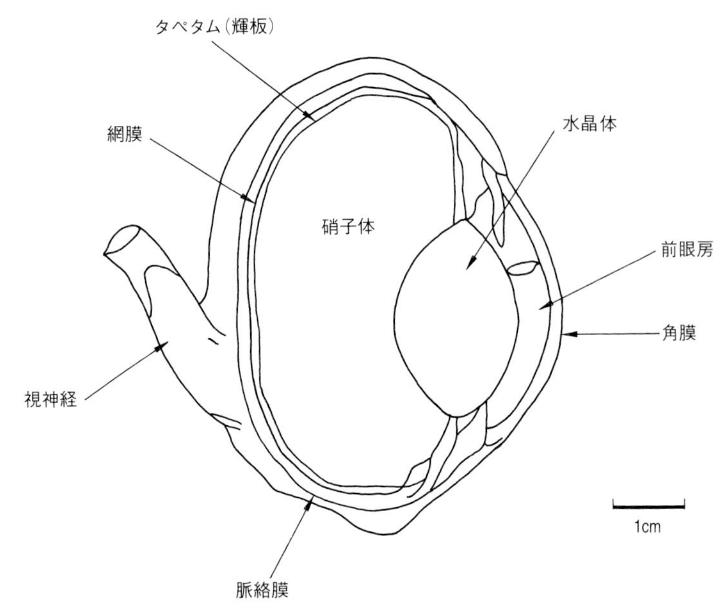

図 2-8 ウマの眼球の断面（Waring 1983 より作成）

ほかの動物のように比較的均一な円形ではなく，やや楕円をなしていると報告されていた．その結果，下方からの光は水晶体から網膜までの距離がやや長く，上方からの光は逆に 5 mm 程度短くなるといわれていた．これは，ウマが近接物をみるときは頭を上げ気味にし，遠方の物体をみようとするときは頭を下げる傾向にある動作と一致しており，対象物までの距離によって水晶体への光の進入方向を変え，焦点を合わせるものと解釈されていた．楕円形をした眼球構造については，最近のウマの解剖図では記載されておらず（バドラスほか 1997），解剖学的に確認する必要があるのかもしれない．図中のタペタムについては，網膜底部の脈絡膜基部に発達した輝板として説明されており，ウマをはじめウシやネコなど暗い中で比較的よくものがみえるとされる動物の，暗闇で光る目の原因とされている．網膜に入った弱い光線はタペタムで反射され，再び網膜で感知される．微弱光線をより鋭敏にとらえる構造になっていると解されている．

ウマの網膜の視細胞に関する組織学的研究において，明暗を感知する桿（かん）

状細胞のほか，色覚に関与する錐状細胞が認められていることから，ウマはおそらく色を見分けることができるだろうと思われていた．近年，行動学的知識を利用した実験方法が確立された結果，ウマの色覚識別能力が確認されている．これは弁別試験といわれるもので，T字型迷路などを利用し，飼料などにありつける方向の通路（正）とありつけない通路（誤）を正誤の標識とともにウマに学習させ，標識の色を変えた場合，正解にたどりつけるかどうか，すなわち正誤を標識の色で判別できるかどうかで，検定する方法である．こうした試験の結果，ウマは黄色をもっともよく見分け，ついで青，緑を判別しうる．赤については同じ明度の灰色との区別がむずかしいらしいことが明らかになっている．

われわれが楽しむ映画は，よく知られているように視覚の残像現象を利用している．網膜でとらえた映像が変化した後も，その前の像が「みえている」という感覚で残るものである．こうした現象が，デジタルで投影される映画の画面上の像を，連続したアナログの動きとしてヒトの脳に認知させているわけである．ウマは，この残像が感知される時間がヒトよりはるかに短いといわれている．高速で走っているウマにとって，周囲の景観が残像現象によって明確なかたちをもたず，いわば「流れた映像」として感知されることは好ましくないことから，このような能力が発達したものであろう．したがって，ウマの目に映る風景はデジタル映像であるといえる．自動車など形態が変化せず移動するものに対する認識が，ウマではヒトと異なるなどといわれることがあるが，これなどもウマのデジタル視覚によるものと考えられている．

このように，ウマの視覚はヒトとはかなりちがう構造と機能をもっていることが，おわかりになったであろう．こうしたちがいは聴覚においても著しい．たとえば，ウマやウシの外耳の形態は，ヒトの外耳が頭部の側面に付着し比較的扁平であるのに対して，頭部上方に2つ並ぶように付着している．ウマの外耳がウシと大きく異なる点は，ウマのそれが上方に明らかに立ち上がっており，さらに，いわゆる竹を斜めにそいだようなその形状をなしている点にある．

ウマの外耳はまた，表情が豊かなことで知られている．すなわち，音声によらないボディランゲージによるコミュニケーションの重要な媒体をなしている．前方に向けられた外耳は好奇心や強い興味を示し，後方に寝かされた外耳は恐怖や警戒，怒りを表現している．あれほど大きな体格をもつウマが，力でもサイズでも劣るヒトの命令を聞くのは，ウマからみてヒトの外耳が「怒り」を表すかたちで後ろに寝ているように映るからであるという説も生まれることになる（モリス 1989）．それはさておき，外耳が切り立って，興味をひくものの方向に向けられるのは，そこからの音響の情報をよりたくさん得ようとする動作なのであろう．ウマの外耳の形状は，集音装置としてウサギほどではないが効果的である．

ウマの可聴音域はヒトより高音域に大きく広がっている．ヒトの可聴音域はおよそ 30 ヘルツから 2 万ヘルツ弱であるが，ウマは 50 ヘルツから約 3 万ヘルツ付近まで聞きとれることが明らかになっている．一般に 2 万ヘルツ以上を超音波ということから，ウマは超音波を聞くことができるといえる．ウマの行動に関する世界的な権威のひとりであるワーリング博士によると，ウマが出す鳴き声には 7 種類あるといわれている（Waring 1983）．そのうち，「ニッカーズ」（nickers, 典型的なヒヒーンという声），「スクウィール」（squeal, キーンといった子馬によくみられる高く響く声），「ウィニー」（whinny, ルルルルというような低くよびかけ・返事），「ブロウ」（blow, 息吹音），「スノート」（snort, 息吹音）の 5 種類についてはヒトが聞くことができる．一方，「グローン」（gron），「スノア」（snore）と称されている音声はヒトには聞こえない．すなわち，ヒトの可聴域を超えた音声でコミュニケートしているのである．

フレーメンという動作は比較的よく知られている（図 2-9）．俗に「ウマが笑う」という動作である．鼻の穴を大きく広げ，歯をむき出して，唇をふるわせる．このときもブルブルというような音が聞こえるが，実際にはヒトに聞こえる以上の音が含まれ，コミュニケーションの手段として用いられているかもしれない．

というのは，このフレーメンという動作は音や顔面の表情で特徴的であるばかりでなく，性行動における性臭感知に重要な役割をもっているからである．ウマをはじめ，ウシやヤギ・ヒツジ，ネコ，イヌなどの動物は，鼻腔内に鋤鼻器（じょびき）という独特の器官をもっている（図 2-10）．普段は小さく収縮しているが，匂いの情報をより多く取り入れようとするときにこの器

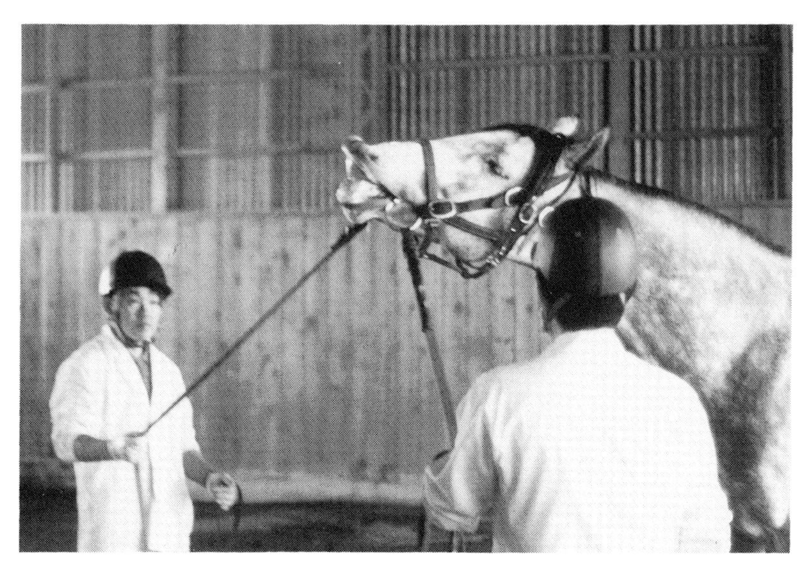

図 2-9 フレーメンする雄ウマ

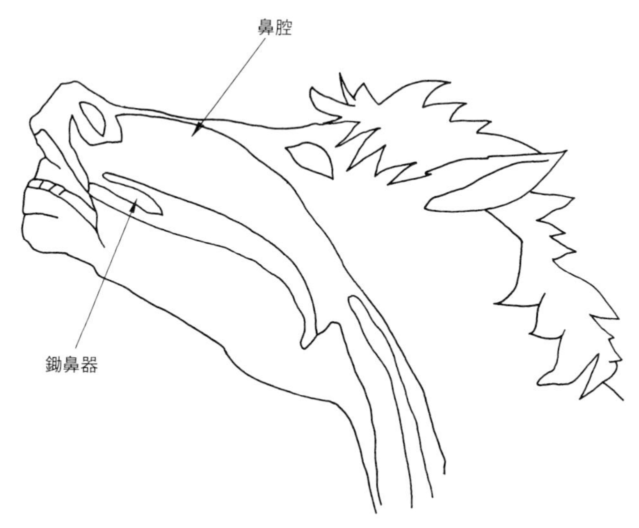

図 2-10 鋤鼻器の構造（楠瀬 1990 より改変）

官を拡張させ，空気を取り込む．この動作がもっともめだちやすいのがウマであり，このフレーメンがあたかも笑っているように見受けられることから「ウマが笑う」といわれたりするのである．

競走馬などの生産農家では，繁殖雌ウマの発情を確認するために「当て馬（試情馬）」という方法を使うことがある．このことは第3章でくわしく述べるが，雌ウマは一般に発情期以外では雄ウマを受け入れないので，この反応を利用し，雌に雄を接近させて，当該雌の行動および生理反応から，発情を確認する手法である．このときに使用する雄ウマを「当て馬（試情馬）」と称している．1.2 m ほどの高さの丈夫な塀のこちら側に試情する雌ウマをおき，向こう側に元気のよい雄を当て馬として引いてくる．雄ウマは雌に果敢にアプローチするが，このとき雌が発情を迎えていれば，雄を激しく拒絶することはない．さらに発情が十分で適期であれば，雌は外陰部を開閉するいわゆるウインキングあるいはライトニングなどといわれる動作を示し，また排尿する．このときの雌ウマの陰部の匂いや尿の匂いをかいだ雄は，非常に典型的なフレーメンを示す．

ウマの嗅覚の機能については，フレーメンなどの動作や鋤鼻器など解剖学的な所見のほか，知られていることは多くはない．しかし，近年のヤギなどを用いた脳神経生理学的研究が，性行動などにおける匂いの重要な役割を明らかにしており，昆虫などで報告されているいわゆるフェロモン様物質の存在が，哺乳類でも示唆され始めている．すなわち，空気中濃度数分子程度の情報伝達物質が，匂いとして非常に正確かつ確実に，個体から個体へ情報を伝達する機構になっていることを暗示するものである．後述する母子の認識や，雄ウマによる雌ウマの糞尿臭による発情個体発見などは，われわれが考えている以上に密度の濃い情報交換なのだろう．

2.3 考えるウマ

ウマは，昔から「賢い」動物であるといわれることが多く，さまざまな例がお話として語られている．では，以下の逸話のうち，どれがウマの賢さを表しているのだろうか．

A．危険を察知したウマ

19世紀末にアンナ・シューエル女史により書かれた，イギリスの有名なウマの小説である『黒馬物語』に出てくるお話に，ヒトが察知できなかった危険をウマが察知したエピソードがある．大雨で増水した川の水が橋を越えて流れていた．主人公の黒馬は馬車を引いて，往路は水をかき分けながら橋を越えていったが，復路はどうしてもウマが橋を渡ろうとはしない．そのうち，向こう岸から大声で橋の中央が欄干を残して流れてしまっていると警告があり，御者と客ははじめてウマが行かない理由を知った．ウマはヒトの感知できない危険を予知する．ウマは賢い．

B．白衣の嫌いなウマ

白衣が大嫌いなウマは多い．白衣は獣医師のシンボルであり，獣医師はたいていウマに苦痛の思い出を残している．ウマは記憶力がよい．ウマは賢い．

C．識別するウマ

ウマ，ロバ，シマウマの3種に20組のパターンの弁別を学習させた実験では，同じ条件ではウマは20組すべてを，ロバは13組を，シマウマは10組を弁別できた（Giebl 1958）．明らかにウマはロバ，シマウマより賢い．

D．クレバーハンスの逸話

1901年，ドイツに出現したハンスという名のウマが，加減乗除ばかりでなく論理的な問題にさえほぼ正解率100%で回答し，話題になった．ハンスはしゃべる代わりに蹄を地表に打ちつけて答えたものだが，ハンスを調教した馬主がいようといまいと，質問者と観客に正確な答を出し続けた．そこで，一般の観客を遠ざけて，機械的に質問を繰り返す質問者のみとハンスを囲い込んで同じようなテストを行ってみた．すると，ハンスは正解を示すことができなかった．じつは，ハンスは観客の反応から答を読み取って蹄を打ち続けるか，やめるかを判断していたのである．自分で計算や論理判断ができないにしても，やはりハンスは賢い．

「賢い」とか「賢くない」とかについての客観的判断はむずかしい．実際，ほとんど不可能である．知能が高い，高くないといい替えても同じだろう．上記の逸話のうち，A は状況認識力の問題であり，前節で述べた環境刺激に対する感覚器がわれわれとは異なることを示唆しているにすぎない．この主人公のウマは，橋を洗う水音がちがうことを，2 万ヘルツ以上の部分で認識したのかもしれない．また，匂いがなにか情報を運んだのかもしれない．山道をウマで歩いていると，クマがいるとウマは行かないとか，スズメバチの巣があるとウマは行かないとかいわれるが，こうした反応も同じ感覚器のレベルのちがいによるものであろう．このような逸話はイヌにも多い．

B および C の逸話は，記憶力が比較的よいこと，および弁別学習能力が高いことを示唆している．1970 年にディクソン博士が行った実験は，ウマはいったん弁別を学習すると，半年程度はこの記憶が保持されることを明らかにした（Dixon 1970）．ディクソン博士は前述のジーベル博士の研究と同様に（Giebl 1958），20 種類のさまざまな模様の標識をウマに学習させ，6 カ月後に同じ弁別試験を行ったところ，その正解率は 77.5% に達した．ただし，同じような実験を子牛で行った例でも，迷路学習の結果をおよそ半年後にも記憶していたという報告がある（植竹 1999）．

ウマは，苦痛はさらに強く記憶するようである．獣医師の白衣に対する忌避反応ばかりではなく，周年放牧されているウマに近づく際に，いつもは触らせるウマが，たとえば捕獲用のロープをもっているとヒトを近寄せない，といった反応は日常的によく知られている．ウマを囲い込んだり放牧する場合に使用する電気牧柵に対する反応も激しいものである．一度，電気牧柵の通電した電線に触ってショックを受けたウマは，通電していようがいまいが，二度と張ってある針金には近づかない．ウマはウシより電気ショックに弱いといわれているが，確かにウシは比較的無頓着に電気牧柵に接触するようだ．

一方，D の逸話はウマがボディランゲージを読むことに非常に優れていることを暗示している．ウマは次章で述べるように，野生状態では群居し，高い社会性をもつ動物である．聴覚を別にしても，外耳の動きがさまざまな情報を伝え，また，匂いもごく微細な量でたくさんの仲間どうしの信号を送っている．群れは捕食者に対して生き残るための，すなわち生存価を高める最大の方策である以上，群れを安定的に維持するために個体間のコミュニケーションを発達させることは，適応的意義が高い（Wilson 1980）．ハンスの場合は，ウマがウマのボディランゲージを読んだのではなく，ウマがヒトのボディランゲージを学習したものであろう．

こうしてみると，この章で概説したウマの「走るかたち」「見る・聞く・嗅ぐ力」「考える能力」は，おおむね「逃げる」ためにあるようだ．いち早く敵を発見し，仲間どうしでコミュニケーションをとり，より速く逃げる．また，一度危険な目に遭った状況や場所は忘れずに記憶し，つぎに備えておく．そう，ウマは「走る動物」というより，「逃げる動物」といったほうがよいだろう．

なお，動物が個体間で情報交換する場合に送受信される生体的信号はソシアルキュー（social cue）とよばれる．動物-ヒト間コミュニケーションでは，対象とする動物に対して，二者択一の質問（たとえば餌の入っている箱と入ってない箱）を提示し，ヒトは視線や簡単な手振りで正解を示し，対象個体が応答できるか否かによって試験される．イヌではヒトのソシアルキューに対してきわめてシャープに応答することが知られ，さらに未訓練の幼齢個体でさえ応答することがあるという．よく馴致されたオオカミはヒトのソシアルキューにほとんど応答しないこともよく知られている．イヌと同様に，歴史的に使役動物として使われてきたウマにおいては，イヌと同様にヒトのソシアルキューに反応する可能性が高い．そこで，北海道和種馬を用いて，ソシアルキューに関する一連の試験が行われた（Koizumi *et al.* 2017）．その結果，未馴致馬はヒトのソシアルキューに対してほとんど応答せず，調教馬および未調教馬は応答したものの，調教馬2頭を除いて正解率は50%を超えなかった．したがって，少なくともこの試験においては，ウマはヒトのソシアルキューには応答しないことが示され，ウマのヒトに対する注目度はイヌほどではないことが示唆された．

第3章 草原での生活
ウマの行動

3.1 野生のウマ

第1章では，進化のなかでヒラコテリウムというキツネ程度の大きさの哺乳類が現代のウマという生きものにいたる過程をたどってみた．そして，第2章では草原を生きる場として選んだウマが「逃げる」動物であるという観点から，ウマのからだの構造と機能を概説した．これらの章では，5500万年前から現代の競走用サラブレッド種の世界まで，いったりきたりしながら話を展開してきたが，ここで草原の生きものであったウマがこうした環境でどんな行動を発達させ，それらが現在のウマの行動とどのように関連しているかを検討してみよう．

さて，ウマが本来行っていた行動を知るためには，人的制御の少ない自然環境下で生きているウマたちの生活をみる必要がある．では，こういう生活を続けているウマ，すなわち野生馬はいまもいるのだろうか．第1章で述べたように，モウコノウマ（モンゴル語でタヒもしくはタキ）は現存する唯一の野生馬である（図1-17参照）．ただし，現在その生存が疑われているほど，数は少ない．およそ400頭ほどが世界中の動物園に飼育されているが，これらは発見後，ドイツの動物園が大規模な捕獲部隊を派遣して捕獲した個体群の末裔である．そんな状況を受けて，1990年にモウコノウマの再野生化が計画され，モウコノウマを対象とする国際管理計画作業グループ（GMPWG）が設立された．動物園で飼育されているモウコノウマの一部を中国とロシアの草原で野生に戻す計画で，現在も進行中であるが，政治的・経済的な障害が大きく，いまのところめだった成果を上げてはいない．モウコノウマの野生環境下での行動を調査研究することは，たいへんむずかしいようだ．

一方，世界中に野生馬と称される馬群がいくつか存在する．ムスタングを代表とする米国内のいくつかの馬群，カナダ大西洋岸のセーブル島の馬群，フランスカマルグ地方の白い野生馬などのほか，わが国においても，北海道の道東地方の太平洋岸に浮かぶユルリ島の馬群（図 3-1）や九州の宮崎県の都井岬の馬群（図 3-2）が知られている．前述のように，じつは野生馬とよばれるこうした馬群は，真の意味の野生馬ではない．歴史的にみると，家畜馬がなんらかの理由でヒトの管理下を離れ，比較的人為的制御が少ない環境下で暮らし続けているというのが真の姿である．そんなことから，彼らは「半野生馬」「野生化馬」「フェラルホース feral horse」などとよばれている．北米の半野生馬は初期の移民が逃がしたウマの子孫であるし，セーブル島のウマは島から引き上げた漁民がおいていったウマの末裔である．都井岬のウマは，本来，当該地をおさめていた高鍋藩の秋月家が 17 世紀に開いた牧場において秋月家が明治維新まで軍馬および農用馬として生産を行ってきた馬群で，それらが維新以後，岬部分に放置され，野生に近い状態で暮らしていたものである．ただし，昭和 28 年から国の天然記念物に指定され，現在にいたっている．ユルリ島も本来は，昆布漁民の労役馬生産基地として利用された一種の繁殖基地であり，定期的に生産馬の捕獲と種馬の交換が行われているが，ウマの需要が少なくなった昨今，ヒトの管理はきわめて緩やかで，半野生馬といえるであろう．

自然環境下の馬群の生活は，こうした半野生馬の研究結果からかいまみることができる．また，周年屋外飼育の馬群も少数ながら存在し，研究がいくつか行われている．放牧時間内の軽種馬の行動研究も貴重な研究資料である．こうした研究報告をもとに，この章では，草原で生きるウマたちの行動をのぞいてみよう．

3.2 ウマの 1 日

緑なす草地に，ゆったりと放牧されているウマを眺めたことがあるだろうか．北海道やイギリス，アメリカなどの農村地帯を旅したことがある人なら，そんな風景にみとれた経験があるにちがいない．のんびり草をはむウマは，みる人々の心を和ませる．こうした風景を絵に描いてみようとすることも少なからずあるだろう．

図 3-1 ユルリ島の半野生馬（木村李花子氏撮影）

図 3-2 都井岬の半野生馬

何時間もウマを眺めて何枚もスケッチをすると，軽いいらつきを覚えるかもしれない．成馬では，頸を下げて草をはんでいるポーズ以外の姿勢のスケッチが普通なかなかできないのだ．もし，十分に時間があり，かつ酔狂ならば，日の出から日没まで放牧されているウマを眺めていたとしても，頸をぴんと立てたウマの姿勢はそう頻繁にはみられない．さらに，いっそう酔狂で，たとえば昼夜放牧されているウマを24時間じっくり観察したとしても，みることができるウマのポーズは，頸を下げて草をはむ姿勢が圧倒的に多い（図3-3）．ウマはほかの大型もしくは中型の草食家畜に比べて，圧倒的に食草時間が長い動物なのだ．たとえば，中型草食家畜であるヒツジの1日の食草時間は9-11時間とされているが，10時間を超えることはめったにないとされる（朝日田 1997）．大型草食家畜のウシでは，放牧地に24時間放牧した場合，食草に費やす時間はおよそ6-9時間の範囲にある（Hancock 1953）．なお，これらは成畜についての値であり，以下のウマについてもとくに断らないかぎり，成馬の結果を示している．

一方，24時間放牧されているウマの食草時間は10時間を大きく下回る

図3-3 放牧地の馬群
全員が頭を下げて採食している．

表 3-1 周年屋外飼育している北海道和種馬の個体維持行動時間
(Kondo *et al.* 1994 より作成)

観察月	観察場所	おもな飼料	行動時間(分)					平均気温 ℃
			食草・採食	移動	立位休息	横臥休息	飲水	
10	林間放牧地	ミヤコザサ	974	121	270	46	1	12.8
11	林間放牧地	ミヤコザサ	880	63	476	16	3	−0.1
12	林間放牧地	ミヤコザサ	960	91	345	36	5	1.1
平　均			938.0	91.7	363.7	32.7	3.0	4.6
1	積雪牧草地	雪の下の牧草	846	18	576	0	1	0.6
2	屋外ロット	乾草	855	7	629	63	22	−3.5
3	屋外ロット	乾草	973	8	339	108	8	0.8
4	屋外ロット	乾草	939	2	470	18	9	4.4
平　均			903.3	8.8	503.5	47.3	10.0	0.6
5	牧草放牧地	生牧草	913	47	436	15	0	12.0
6	牧草放牧地	生牧草	1078	10	193	144	1	14.5
7	牧草放牧地	生牧草	1107	51	261	0	1	16.7
8	牧草放牧地	生牧草	783	67	494	79	0	20.2
9	牧草放牧地	生牧草	1019	31	390	0	0	19.9
平　均			980.0	41.2	354.8	47.6	0.4	16.7
全平均			943.9	43.0	406.6	43.8	4.3	8.3

ことは少ない(Kiley-Worthington 1987; Houpt 1991; Fraser 1992; Mils and Nankervis 1999). 表3-1は, 1年間にわたり, 北海道大学農学部附属牧場(現同北方生物圏フィールド科学センター静内研究牧場)で周年屋外飼育されている北海道和種馬を各月1回24時間行動観察し, 林間放牧地, 牧草放牧地および屋外ロットにおける乾草給与時での食草・採食や休息などの個体維持行動について研究した結果である(Kondo *et al.* 1994). それによれば, こうした比較的人為的制御の緩やかなウマの食草・採食時間は全平均で943.9分, すなわちおよそ15.5時間であった. この採食時間は, 牧草放牧地に放牧していた5月から9月で1000分弱ともっとも長く, 積雪期の牧草放牧地(1月)および乾草給与時(2-4月)が903.3分程度ともっとも短かった. 林間放牧地で森林下草のミヤコザサを食べていた期間(10-12月)は940分程度で, ほぼ1年間の平均値に等しかった. 冬季林間放牧を行っている北海道和種馬についての行動観察から, 10-12時間の食草時間であるという報告もある(Kawai *et al.* 1996; 河合 2001).

なお，馬房内に閉じ込めて乾草を自由摂取としたときの北海道和種2歳馬では，平均採食時間が8時間程度であったが（Kondo *et al*. 1994），同じように閉じ込めて個別飼いした北海道和種馬でも，比較的広い屋外パドックで生草を刈り取り給与した場合，採食時間は14時間に及んだ（Kawai *et al*. 1995）．いずれにせよ，放牧されているウマの食草時間は，ウシやヒツジなどより長い．1日の大きな部分を食草に費やしている草食動物なのである．放牧地のウマがいつみても「頸を下げて，下を向いている」のは当然なのである．

乳も出さず妊娠もしていない状態で体重が増えも減りもしない状態を「維持」といい，家畜ではこうした状態を続けるのに必要な養分量を維持要求量という．放牧地で牧草を採食させた場合，飼料乾物重量，すなわち水分を除いた飼料の重量で飼料の必要量を表すと，ウシでもウマでも体重の2%強の乾物を1日に摂取すれば，ほぼ満たすことができる．24時間放牧している400 kg程度の体重のウシおよびウマでは，乾物で8 kg強の牧草を摂取すれば体重は維持できることになる．とすると，同じ8 kgを摂取するのにウシは6時間から9時間程度ですむが，ウマでは12–16時間を要することになる．かなり効率は悪い．逆にウシは一噛みで頬張る草の量は，ざっとウマの2倍ほどにもなる．非常に端的にいいきってしまえば，ウマはゆっくり食っても逃げ足が速いので捕食者から逃げられるが，ウシはできるだけ効率的に草を摂取しておき，トコトコトコトコ逃げて，安全な場所でゆっくり反芻する戦略なのであろう．

ところで，第1章で述べたように，同じ草食動物でもウマとウシでは，歯の構造が大きく異なり，草を食べるときのちぎり方が大きくちがう．ウマは上下の前歯で噛みちぎるが，ウシは舌で草を巻き込むように口腔内に取り込み，下顎前歯と上顎歯床板ではさんでちぎる．また，ウマは唇が軟らかくよく発達しているが，ウシの唇はなま硬い．いずれにせよ，こうして草を噛みちぎることを喫食といい，英語ではバイト（bite）といっている．ウマもウシも草を食べるときは，いったん立ち止まって，顔の前方に広がる口が届く範囲の半円形の面積のなかの草を何口か食いちぎり，また少し移動して同じような喫食を繰り返す．こうした顔の前方に広がる半円形（扇形）の区画をフィーディングステーション（feeding station）という．そして，ウマやウシがフィーディングステーションで，何回か喫食をしてはつぎのフィーディングステーションに移る特徴的な採食行動をフィーディングステーション行動（feeding station behavior）とよぶことがある．このフィーディングステーションにおける喫食回数や喫食速度（バイト速度），1喫食あたりの摂取量（バイトサイズ）は，ウマとウシではもちろんのこと，どうも草の質量で少しずつちがうらしい．さらにウマでは品種で異なるようだ（河合 2000）．

さて，喫食により口腔内に取り込まれた草を臼歯で噛みつぶすことを咀嚼という．ウシの場合は，反芻時に吐き戻した食塊を噛み返すときは反芻時咀嚼という．ウマやウシが草を摂取しているとき，喫食と咀嚼について奇妙なことに気がつく．集中して採食しているウマやウシは間断なく草を口腔内に取り込み，とくに別に咀嚼を行っているようにはみえない．ただし，リスやサルのように喫食したものを頬袋にため込んでいるようにもみえないから，嚥下はしているのだろう．ウマやウシは草を食べているときには咀嚼しないのだろうか．よくみると，フィーディングステーションからフィーディングステーションへ移動する間に，咀嚼しているようにみえるが，それはごくわずかな時間である．ウマもウシも，みかけでは咀嚼していないようにみえるのだ．

われわれが，たとえばラーメンを食べているときのことを想像してほしい．まず，適当量の麺を箸で取り上げ，歯でくわえてすすり込む．口腔内に一定量の麺がたまったところで，奥歯で噛み唾液と混ぜ合わせて，嚥下する．すなわち，ヒトでは喫食と咀嚼は別の動作なのである．もっとも江戸っ子はそばを一息にすすり込んでしまうといわれているが．

ウマでもウシでも，実際に胃内へ入ってくる草はかなり噛みつぶされているのは事実だ．だから，彼らは咀嚼していないのではなく，喫食と咀嚼が，みかけ上同じ動作で行われているのである．これについては，北海道大学の上田博士は放牧中のウシに高性能マイク2台をそれぞれ口吻部分と顎の下部に装着して，草を食べる動作音を記録して解析し，一動作中に喫食音と同時に咀嚼音も発生していることを明らかにしつつある（Kondo 2010）．すなわち，ウシは喫食のときの歯を閉じる一動作で，同時に臼歯で咀嚼も行っているらしい．もし，ウマに同じ装置をつけて草を食べている音を記録・解析したら，同じような現象が観測できるものと思われる．

ヒトがラーメンをウマやウシのように食べるとすると，どんぶり1杯のラーメンをすすり込みつつ，噛み，嚥下し，一息に食べてしまうことになる．そばを一気にすすり込む粋な江戸っ子の話をあげたが，江戸っ子は喫食と咀嚼を同時に行っているわけではなく，咀嚼をしないだけで，ウマやウシのようにじょうずに食べているわけではない．

前述のように，ウマは同じ量の草をウシのおよそ2倍の時間をかけて喫食・咀嚼する．ウシはウマの半分の時間で喫食・咀嚼するが，ウシはこの後，第一胃に入って発酵されかかった食塊を吐き戻し，食べる時間と同じかそれ以上の時間をかけて，反芻時咀嚼する．もちろんこのときは咀嚼だけで，この咀嚼時の顎の動きは喫食のような上下動ではなく，上顎と下顎をすりあわせるような横の動きとなる．不消化物として排出された糞を各種メッシュのふるいにかけて，ウマとウシの糞の粒度分布を検討した研究によれば，やはりウシなど反芻動物の糞の粒度はウマより，より細かい（Sekine *et al.* 1991）．反芻はきわめて効果的に繊維成分の消化に寄与しているといえるが，反芻しないウマでも，ウシほどではないがよくもまあここまで細かく微細化できるものだと感心する．長い採食時間と，よく発達した臼歯歯冠部によるものなのだろう．

さて，草本類を採食することを食草といい，放牧地や自然草地で放牧されている草食動物が地表に生えている草を採食する行動を食草行動（grazing behavior）という．第1章で述べたように，同じ草食動物でも，ウマのように草本類専門に採食する動物をグレイザー（grazer），おもに葉っぱを採食する動物をリーフイーター（leaf eater），葉と若芽や小枝を採食する動物をブラウザー（browser），地面を掘り返し根を食べるブタなどはルートイーター（root eater）と呼称している．ウマは典型的なグレイザーであるといわれているが，林間放牧地では樹葉採食がけっこう頻繁にみられるし（図3-4），また，樹皮を前歯で剝ぐ樹皮食いも観察される（稲葉ほか 1998）．

ウマは1日にどれくらい休息するのだろう．私たちヒトの休息行動とウマの休息行動は，動作のうえで大きく異なることを知っておかねばならない．ウマは立ったまま休息することができる．あまつさえ，睡眠すること

図 3-4 林間放牧地で樹葉を採食するウマ

もある（図 3-5）．ただし，この睡眠はまどろみといわれる半覚醒・半睡眠の状態であり，立ったまま深い睡眠に陥ることはないといってよいだろう．さらに，横になって休息するときにも 2 つの姿勢がある（佐藤ほか 1995）．ウシのように伏臥する場合（図 3-6）と，体側部を地面に横たえ四肢と頭部を投げ出す，いわゆる横臥する場合（図 3-7）である．横臥位で深く眠っているウマはまるで死体のようである．

ウマが食草や移動を行わず，ぼんやり立っている行動を立位休息とすると，この時間は表 3-1 のわれわれの研究では約 6 時間程度であった（Kondo *et al.* 1994）．また，林間放牧地の北海道和種馬の研究を精力的に行った河合博士の研究では，およそ 500-600 分（8-10 時間）と報告されている（河合ほか 1997）．一方，横臥位もしくは伏臥位など地面に横たわって休息する時間はきわめて短い（Houpt 1991; Fraser 1992）．われわれの研究では年平均で 40 分程度で，最長が 144 分（2 時間半程度）であり，24 時間を通じて一度も横臥・伏臥がみられなかった観察もある（Kondo *et al.* 1994）．前述の河合博士の報告では，積雪期の林間放牧地で 30 分強，非積雪期では約2時間ほど横たわって休息した（河合ほか 1997; Kawai *et al.* 2005）.

草食家畜が横たわって休息するときはすべて短いかというと，けっしてそうではない．たとえばウシでは1日の半分，およそ12時間は伏臥休息を行う．ただしウシの場合，みかけ上なにもしないでじっとしている状態には，「休息」「睡眠」のほか「反芻」もあり，反芻時には容易に「まどろみ」に入るとされ，行動，動作と姿勢が重なり合った複雑な様相を呈している．また，反芻は1日で9–11時間行うとされており，1日の半分近くを反芻で過ごしていることになる．上で述べたように，咀嚼を取り上げると，採食と反芻を合わせて1日あたりの咀嚼時間は，ウシはウマとほぼ等しくなる（およそ60回/分）.

ウマの睡眠はごく短い．ネコやトリなどの研究から睡眠はレム睡眠とノンレム睡眠に分けられるが，ウマでは平均6.4分のノンレム睡眠，ノンレム睡眠からレム睡眠への移行期，平均4.2分のレム睡眠が1サイクルとなっており，睡眠時間帯はこれを繰り返すかたちとなっている（楠瀬 1997）.

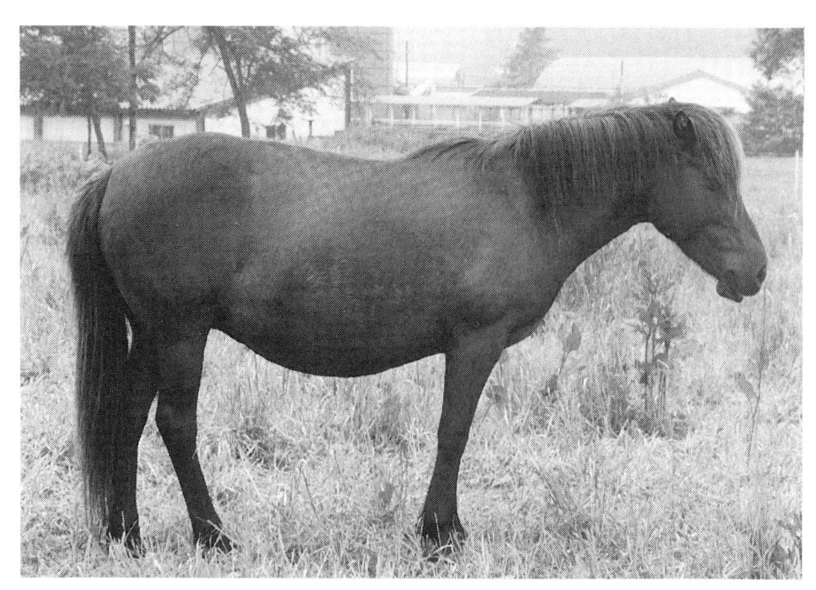

図3–5 立位休息するウマ
目をつぶり半睡眠状態にあるが，耳の位置から撮影者に注意を払っていることがわかる.

図 3-6 伏臥位で休息するウマ

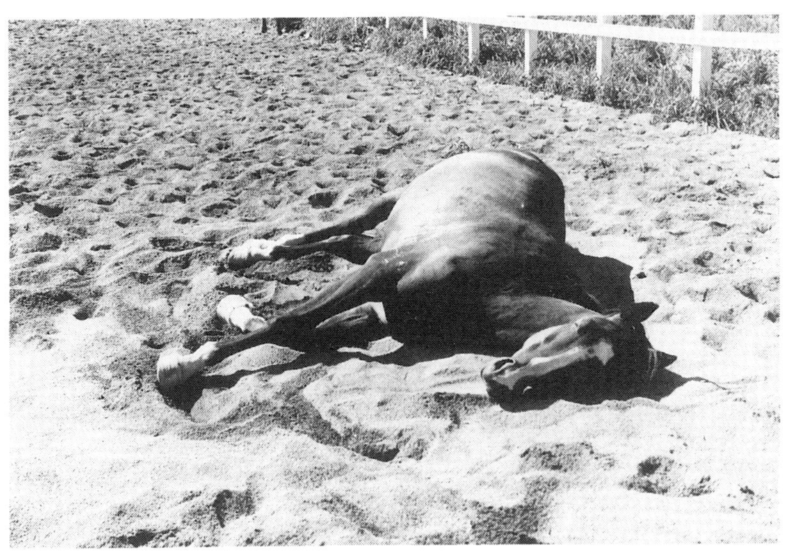

図 3-7 横臥位で休息するウマ
死んだようにみえるが，睡眠状態にある．

なお，レム睡眠とは，大脳皮質系の脳波は覚醒時と同様でありながら骨格筋の緊張が消失し，閉じた瞼の下で眼球が活発に運動する状態の睡眠をいう．眼球が活発に運動する，すなわち rapid eye movement の頭文字をとって REM sleep，レム睡眠という．これに対して，大脳皮質系の脳波の徐波化，筋肉の弛緩および眼球運動がみられない睡眠をノンレム睡眠といい，深い眠りがこれに相当するとされている．

いずれにせよ，ウマが寝る時間は短い．「寝ウシ，立ちウマ」という言葉は，昔は身近であったウシとウマなど草食大家畜の行動のちがいをいったものであろう．健康なウシ・ウマであれば「寝ウシ，立ちウマ」であり，そうでなければなにか異変を察知すべきことを示唆しているものと思われる．

第2章では，ウマは進化の過程で獲得した形態から「逃げる動物」であるとした．では，草原で暮らしているウマは1日どれくらい移動するのであろうか．

半野生馬の研究では，ウマをじっくり観察することがむずかしく明確な報告が少ないが，数十 km 以上移動する場合もあるとされている（Berger 1977）．一方，サラブレッド種など競走用軽種馬を24時間放牧した場合，総移動距離は 12 km 程度であったとする報告がある（Nagata and Kubo 1983）．同じく軽種馬を日中のみ7時間程度放牧すると，その移動距離の平均は約 5 km であったと報告されている（楠瀬ほか 1985, 1986, 1987）．ところが，われわれの研究では，年間を通じて屋外で飼育されている北海道和種馬の1日の平均移動距離は 2 km 程度で，最高でも 6 km ほどであった（Kondo *et al.* 1994）．また，河合博士の報告でも日移動距離は 4 km 程度であり，さらにそのうち食草しながらの移動が 1.9–2.5 km 含まれている（河合ほか 1997）．本来「逃げる動物」であるウマは，その気になればかなりの距離を移動できるのであろうが，放牧地の状況や品種などにより大きく変動するものなのであろう（Waring 1983; Fraser 1992）．

最後に飲水行動にふれておこう．「牛飲馬食」という言葉があり，ウシのように飲みウマのように食べることが，大喰らい大酒飲みの代名詞となっている．馬食は上記のようなウマの採食時間の長さからきたものであろうが，飲水はウマよりウシのほうが多いわけではない．動物の水分要求量は，そのときの環境温度や摂取した飼料の質・量で大きく変化するが，一般にウシでもウマでもおおよそ摂取した飼料の乾物量の5倍程度といわれている（NRC 1989）．青々した放牧地における草の水分含量は80–85%で，乾物含量のおよそ5倍見当である．そこで，こうした草地で放牧されているウマは，1日に1滴も水を飲まなくても要求量を満たすことができる計算になる．

われわれの研究でも，5月から9月の牧草放牧地での24時間観察で，1日1回も飲水しなかった例が3回あり，5回の観察の平均値は0.4分であった（Kondo *et al.* 1994）．一方，秋から冬にかけての林間放牧地での飲水時間は平均で4分とこれより長く，乾草給与時はさらに長く平均で13分であった．ただし，ワーリング博士は，米国大盆地地帯の半野生馬で行った研究で，半砂漠地帯で暮らすこれらのウマの飲水は2，3日に一度という例を述べており（Waring 1983），ウマの飲水についてはまだ不明な点が多い．

3.3 群れとしてのウマ

広い草原に1群のウマがゆったりと草を食っている．突然，1頭が頸を上げ，耳をそばだてた．ほかのウマも食べるのをやめて，最初に頭を上げた1頭がみた方向を注視する．そして，まるで合図があったように，一斉に移動し始めた．なにか危険が迫ったのだろう．草むらのなかを肉食獣が忍び寄ったのかもしれない．ウマたちはみるみる遠ざかっていく．もし，野生馬の群れがいたとしたら，こんな風景が頻繁にみられるにちがいない．ワイオミングやカマルグの半野生馬では実際に観察できるだろうが，この場合，ウマが逃げ出す原因は捕食者ではなく，ヒトの接近がもっとも多いのではないだろうか．

ウマは，シカやカモシカ，シマウマやゾウなどと同様の群居性の草食動物である．一般に，森林内など見通しのよくない場所を生活圏に選んだ被捕食性の動物たちは，ソリタリーとして個体を主体に生きている．そして，なわばり（テリトリー）をもつという．一方，草原など見通しのよい場所を生活圏とした草食動物は，群れで暮らすことを選ぶ傾向にある．生態的資源量が豊富な場所を選んだ見返りに，襲われやすいというリスクを背負ってしまった彼らは，個体が集まり群れをつくることにより，リスクを下げようとしているのだ．では，群れで暮らすことの利点とはなんだろう．社会生物学者ウイルソンは，群れで暮らすことによって得られる機能をまとめているが，そのうちのいくつかを紹介するとつぎのようなものがあげられる（ウィルソン 1999）．

①捕食者に対する防衛機能
②ほかの同じような生態的位置を占める種に対する競争力の増大
③環境圧力に対する緩衝作用
④採食効率の増大
⑤生殖効率の増大
⑥出産時の生存率の増大

このうち，おそらく群れを形成するもっとも大きな理由は捕食者に対する防衛機能であろう．本節の最初に述べたように，群れで暮らすことにより機能分担が起こり，見張るものをおくことにより，ほかの個体は安心してゆっくりと栄養摂取に専念できる．これは④であげた採食効率の増大とリンクする．また，たくさんの個体が群れていると捕食者はねらいが絞りにくいらしく，つかまえにくいという（ローレンツ 1985）．さらに，実際に襲われたとき，数が多いと反撃することも可能だ．かよわい幼体を群れのなかに囲い込み，ウマなら尻を外に向けて輪をつくり，ウシやカモシカの類であれば角のある頭部を外に向け輪をつくり，襲いくる捕食者に対抗する．これらは当然，もっとも防衛力が弱い出産時にも機能し，⑥にあげた出産時の生存率の増大につながることになる．

彼ら草食動物の敵は肉食獣などの捕食者だけではない．ほかの種の草食動物も敵である．いかに広い草原といえども，その資源は有限である．より栄養価が高く，より安全に採食できるところを選ぶとなると，さらに競合は激しくなろう．ヒトの社会と同じで，こういった状況下では，数の多いほうが有利なのは自明である．また，単独で暮らす場合，配偶者とどうやってめぐり会うか，という大きな問題がある．群居性の動物では配偶相手を探す個体にとって，群れは個体よりめだちやすい分，遭遇しやすいだろう．ただし，一般に群れは血縁的に近縁な集団であることが多いので，群内の交配は避けられる傾向にあるようで，こうした点が生殖効率を上げ，自らのもつ遺伝子を広く拡散する方策として有利に働くだろう．ウイルソン博士は以上から，よく組織された群れは環境に対する個体の生存の可能性を最大にするもっとも効果的な適応機構であると結論している（Wilson 1980）．

さて，ウマの群れはカモシカやシカと同じように，基本的に2種類の群れからできている．1つは繁殖単位である雄ウマと雌ウマで構成される群れで，ウマではハレム群とよばれている．通常雄1頭に対して3.4–12.3頭の成雌ウマによって構成されている（Waring 1983）．複数の雄が1つのハレムで観察されることもあるが，繁殖は通常優位な雄のみが行うらしい．もう1つの群れは若雄ウマで構成される群れで，性的に未熟な雄も含む．

雄ウマが同じハレムにいる期間は平均2–3年とされているが，10年以上同じハレムにいる例もある（Kaseda *et al.* 1995）．ハレムにいる雄のおもな仕事は，春先に発情した雌を発見し，交尾して子馬をもうけることと，ハレムに所属する雌ウマがほかのハレムに移ったり，若雄ウマに誘い出されて家出したりしないように防衛することである．ハレムは水飲み場と採食地を含むホームレンジ内を移動しながら暮らしている．複数のハレムのホームレンジは，実際には重複していることが多く，ときとしてホームレンジ内でハレムどうしが出会うことがある．このとき，雄ウマはハドリングと呼称されている囲い込み行動を行う．自分のハレムの周辺をまわり，ハレム内の雌ウマが遭遇したほかのハレムに移らないよう囲い込み，移動させる．若雄ウマが接近して「ナンパ」にきたときは積極的に追い払う．

宮崎大学で精力的に御崎馬の研究を行っておられた故加世田博士とその共同研究者は，行動と血液型から，半野生馬である御崎馬のハレムにおける雄ウマと子馬の父子関係を詳細に研究し，興味深い結果を得ている（Kaseda and Ashraf 1996）．ハレムで生まれた子馬の父ウマは，そのハレムに帰属する雄ウマである可能性がきわめて高かった．これは当然であるが，ほかの雄ウマの子である可能性も一定の確率でつねに存在し，それはハレムの大きさにかかわりなかった．すなわち，ハレムの雄ウマはどんなにがんばってハドリングをしたり，ハレムの雌ウマを誘いにくる若雄を追い払っても，何度かは確実に浮気されてしまうのである．逆にいうと，ハレムをもっていない若雄ウマやハレムがもてない弱い雄ウマでも，子孫を残すチャンスはつねに存在することを意味している．

ハレムをつくれるのは優勢な個体であり，その度合いに応じてハレムの構成頭数は大きくなっていくのであろう．優勢な個体とは，その時点の環境に対してもっとも適応的な個体といいかえることができよう．したがって，その時点の環境下でもっとも適応的な個体がもっとも多くその遺伝子を残すことになる．しかし，ほかの相対的に優勢でない個体でさえ遺伝子を残せるシステムが機能しており，遺伝子の多様性は維持されるシステムになっているのではないだろうか．

群れで生まれた子馬のうち，雄は1-2歳齢で群れを出ていく．ハレムの雄に追い出される場合と，複数で連れ立って出ていってしまう例があるらしい．こうして，ハレムを出た雄ウマは若雄群を形成する．通常4頭以下で構成されるが，最大で16頭という報告もある（楠瀬 1997）．若雄ウマはこうした群れをつくりながら，ハレム群から雌ウマを連れ出して新たなハレムを形成したり，雄が死んだハレムに入り込んでハレム雄になったり，ハレムの雄を追い出して入れ替わったりするチャンスをねらう．

一方，ハレムの雌子馬の大部分は2歳齢以前に生まれたハレムを出ていく（Kaseda *et al.* 1984）．自発的に出ていく場合と，ほかの雄に誘い出されて出ていく場合があるが，最終的にはほかのハレムの雌ウマとして子馬を生産することになる．前述の加世田博士と，在来家畜の研究でもよく知られる遺伝学者の野澤博士は，12頭の雄ウマと51頭の雌子馬について観察し，近親交配がまずめったに起こらないことを明らかにしている（加世田・野澤 1996）．父娘間で安定した配偶関係をもった例は1例もなく，また，生まれた子馬124例の観察の結果，父娘間の交配による出生は2例しかなかった．この2例は，母ウマが妊娠後別のハレムに移った後分娩し，娘ウマはそのハレムで成長した後，父親のハレムに入ってしまったものである．結果的に生まれ育ったハレムに残って，その父と配偶関係をもった例は1例も観察されなかった．すなわち，野生馬や半野生馬で示唆されている「幼児期に同じ群れで過ごした経験によって，近親交配が回避されたり，性行動が減少する」という仮説を支持した結果になっている．

さて，群れで暮らすことを選んだ動物たちは，新たに群内の社会環境に対応したシステムを発展させなければならなかった．群れで暮らすことにより，外敵や環境圧力に対する生存の可能性は高まったが，つねにすぐそばにほかの個体が存在するという状況は，必ず社会的相互作用を生む．すなわち，食べたい草の前にほかの個体がいる，休みたい場所を他個体が占有している，といった状況である．そこで，こうした群居性の動物たちは社会構造という適応機構を編み出した．

社会構造にはさまざまなスキーマがあるが（Scott 1956），たとえば優劣関係などはその代表的な構造である．優劣関係とは，個体間の社会的な位置関係が両者の物理的な敵対行動や遊びなどの模擬的な敵対行動を通じてたがいに学習され，比較的変化しにくい関係として群内で繰り返し観察できるものである．優劣関係により，群内の個体の社会的関係は順位として表すことができる．こうした優劣関係の機能は，以下のように考えられている．

あらかじめ個体間の強弱を両者が認知し，資源（草や休息場所）をめぐって競合が起きそうなときは，優位個体が占有し，劣位個体は譲るというものである．一見不経済にみえるこのシステムは，それなりに効率的に機能する．もし，こうした順位が明確でなければ，資源をめぐって群内では日常的に激しい闘いが起き，負けた個体は死亡するか重傷，勝った個体も傷を負うであろう．その点，順位がまえもって決定していれば，優位個体は「攻撃するぞ」という姿勢だけで，学習された順位を劣位個体に思い出させ，容易に資源にありつく．劣位個体は速やかに退散し，別の資源を探す．闘うよりエネルギーと時間の両方の節約になり，利点が多い．ただし，このシステムは資源量がある程度豊富にあるときにもっとも効果的に機能する．資源量が限られている場合は優位個体のみが生き残り，結果的にその環境に適した個体の遺伝子が残っていくことになろう．これはこれで適応的である．

ウマでは，こうした優位・劣位関係は，「噛みつく」とか「前肢で蹴る」

図 3-8 子馬どうしの敵対行動
前肢での蹴り.

図 3-9 威嚇するウマ
歯をむき出して耳を倒している.

図 3-10 相互グルーミング

といった行動で示される（図 3-8）．すでに確立した社会関係のなかでは，おおむね優位個体が歯をむき出しながら頸を劣位個体に伸ばす，といった動作で示され（図 3-9），劣位個体は逃げ出す．このとき，優位個体の耳は怒りからうしろへ倒れており，劣位個体は恐れからやはり耳がうしろへ倒れている．ハレムにおいては，雄ウマがもっとも順位が高く，雌ウマのなかでは，一般に年齢が高くハレムでの存在期間が長い個体ほど順位が高いとされている（楠瀬 1997）．子をもった雌ウマの順位は上がるらしいが，はじめて分娩した雌ウマは 2 産目，3 産目の母ウマより順位が低いように見受けられる．

ウマどうしの関係はこうした敵対的な関係ばかりではない．たがいに寄り添って立ったり，舐め合ったりする親和行動も多々観察される．立位でたがいちがいに位置し，それぞれのたてがみを噛み合う相互グルーミング（もしくはソシアルグルーミング）行動は，こうした親和関係を示唆する行動である（図 3-10）．こうした行動がある特定の個体間の親和関係を強めているという報告もある（Kimura 1998）．

群居性の動物の群内には，こうした社会構造のほかに空間構造の存在も

図 3-11 成馬どうしの敵対行動に巻き込まれてスナッピングする子馬

報告されている（近藤 1987）．空間構造とは個体どうしが一定以上近づかない距離感と，一定以上離れない距離感があるとする概念を基礎としている．前者はパーソナルディスタンスとよばれ，後者はソシアルディスタンスとよばれている（Hediger 1955）．パーソナルディスタンスは，個体どうしが接近して無用な社会的軋轢を生じさせないためのものであろう．その点で，やはり群れという社会環境に対する適応機構であるといえる．一方，ソシアルディスタンスは基本的に群れの外周を形成するものだ．本来，これ以上離れたら「防衛機構としての群れの機能」が働きませんよ，という距離なのであろう．

優位個体が劣位個体を威嚇もしくは攻撃している間に入ってしまった子馬や，誤って優位個体のパーソナルディスタンスを侵してしまった子馬は，独特の動作を示すことが知られている．スナッピングという，口をパクパク開いたり閉じたりする動作である（図 3-11）．これは，「私は子馬です！ 順位外の存在です！ 攻撃しないでください！」という意味を表現しているらしい．口をパクパクさせるのは，吸乳行動のシミュレーションと考えられている．まれに，若ウマになって優位個体から攻撃されると，こうしたスナッピング行動をとり，攻撃を抑制しようとする個体がある．

草原でのんびり草をはんで暮らしているウマは捕食者に対抗し，ほかの草食動物との競合に勝つために，群れをつくったといえる．しかし，できた群れはみかけほどのんびりしたものではない．子孫の繁栄と個体の維持のため，前述のようにけっこう気をつかって生きているのである．御崎馬の頭数動態を研究した報告では，明らかに去勢馬は雄ウマより寿命が長い（加世田・黒木 1980）．こうした繁殖戦線と無縁になると，ウマものんびり長生きできるらしい．

3.4 子孫を増やす

現代の家畜産業における家畜は，勝手に雄が雌を探し出して交配し，子孫をつくることは許されてはいない．育種学的に計算された雌雄が組み合わせられて，繁殖を行う．たとえば，乳牛の世界ではほとんどすべてが凍結精液を利用した人工授精で繁殖が行われており，乳牛の雌は一生雄を知らないまま子どもを産み続ける．ただし，ウマの世界の競走馬については，人工授精で生まれたウマは競走馬として登録できないので，本交（ほんこう），すなわち雄雌による自然交配が行われる．といっても，けっして草原で雄ウマと雌ウマがめぐり会って愛を交わすわけではなく，後述のように，かなり人工的な環境下で交配が行われる．もっとも半野生馬の世界はもちろんのこと，農用馬，和種馬の世界では「蒔（ま）き馬（うま）」，すなわち自然交配もそこそこ行われている．そこで，ここでは広い放牧地で自然交配を行っている雄ウマと雌ウマの繁殖行動をかいまみてみよう．

草原で暮らしているウマたちにも，季節がめぐって春の足音が聞こえ始めるころとなった．ハレムの雄ウマは，ほかの雄を追い払う一方，なにやらしきりに雌ウマが排泄した糞や尿の匂いを嗅いでいる（図 3-12）．匂いを嗅ぎ終わると，雌ウマの排泄物の上に自分の尿を振りかけている（図 3-13）．やがて，ある雌の排泄した尿の匂いを嗅ぐと，歯をむき出して典型的なフレーメンを行い，ついで雌ウマの群れのなかに入り込み，匂いを嗅ぎながらなにやらだれかを探している．

どのウマも雄が近づくと耳を伏せ，あからさまに拒絶反応を示す．歳を

図 3-12 雌ウマの糞を嗅ぐ雄ウマ
すでにペニスが勃起し始めている.

図 3-13 雌ウマの糞に尿をかける雄ウマ

経た雌などは後肢で近づく雄を蹴ろうとする．そのなかの1頭の雌が，ほかの雌とは異なる反応を示した．じっと立ち，やや頭を下げ耳の緊張は解け，やや弛緩した表情を示す．あたかも雄を誘うようだ（図3-14）．雄がしきりに雌のからだの各部，とくに生殖器付近の匂いを嗅ぐと（図3-15），やがて雌は外陰部をリズミカルに開閉させた．これはウインキングとかライトニングとかいわれる発情個体特有の動作だ（図3-16）．ついで，雌は排尿する．雄は尿の匂いを嗅ぎ，また舐めて，再び壮絶にフレーメンを行う．うしろにまわった雄の下腹部には，雄大に勃起したペニスが眺められる．雄は後肢で立ち上がり，雌に乗りかかると（図3-17），雌に乗駕しペニスを挿入する（図3-18）．挿入後，骨盤を前後させペニスを抽送し，同時に雄は雌のたてがみ付近を噛んだ．7回ほど抽送を繰り返した雄の尻尾が突然上がった．射精したのである．雄は雌から降りると，しばらくその場に立っていたが，やがて立ち去った．雌もややしばらく立位で過ごすと，なにごともなかったかのように草を食べ始めた．この交尾でうまく受精すれば，この雌はおよそ330日後にこの雄の子馬を出産することになる．

雌ウマの発情は季節周期を繰り返す，いわゆる季節繁殖である．おもに，冬から春に移行する時期，すなわち日が長くなり始めると発情が誘起される，長日性の季節繁殖を示す動物である．これに対して，同じ季節繁殖する動物でもヒツジやヤギは，秋になって日が短くなると発情が誘起される．これらは短日性の季節繁殖といわれている．ただし，ヒツジ・ヤギの妊娠期間は150日ほどで，秋に交尾・受精しても分娩時期はウマと同じように春先となる．おそらく，どの草食動物も春先に分娩し，子がもっとも乳汁を必要とする時期に乳量が最高になるよう，青草が茂る時期に合わせているのだろう．また，この時期から，子は少しずつ草を食べ始めるので，軟らかな栄養価の高い草が生えている時期が，泌乳ステージおよび育成ステージに合致するようなタイミングになっているものと思われる．なお，ウマは季節繁殖性をもち，春に発情するのが一般的だが，厳密ではないことを付け加えておく．妊娠しなかった成雌ウマはときとして秋まで発情を繰り返すことがあり，競走馬以外のウマの繁殖は登録規定に縛られないため，春以外の交配もある．ウマの受精卵移植を世界で最初に行った北海道大学の小栗紀彦博士は，11月に雌馬を妊娠させたことがあるとしている（近

図 3-14 やや尻尾をもち上げて，雄ウマを誘う発情した雌ウマ

図 3-15 雌ウマの匂いを嗅ぐ試情馬

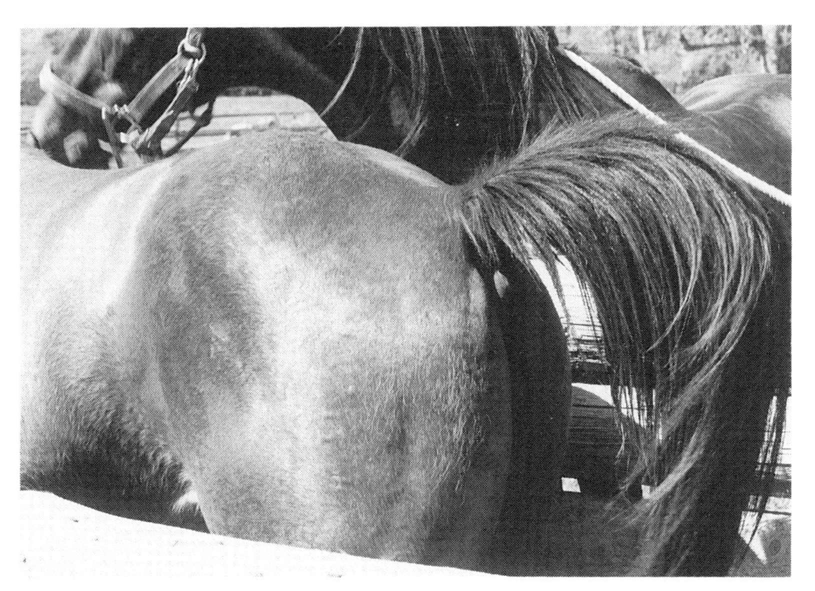

図 3-16 試情されてウインキングする雌ウマ

図 3-17 雌に乗りかかるクリオージョ種馬（東京大学農学部附属牧場にて）

図 3-18 交尾中のクリオージョ種（東京大学農学部附属牧場にて）

藤，私信）．

雌ウマは発情が始まると，上記のような独特の行動を示す．このとき，特有の発情臭が外陰部を中心に分泌される．また，同じような成分が，尿や糞を通じて排出され，雄に対する重要なコミュニケーション手段となっていることが，こうしたハレムの雄の行動から推察される．雄が匂いを嗅いだ雌の排泄物の上に，自らの尿を散布するのは，こうした雌の発情情報をほかの雄から隠すためらしい．

こういった発情は，体内の生殖器官の周期的変化や卵巣内の黄体や卵胞，および子宮内膜の変化を反映したものである．この周期は発情周期とよばれ，ウシと同じでおおよそ3週間，21日ごとに繰り返される．もし，交尾後受胎すれば，黄体は妊娠黄体へと変化し，次回の発情は回帰しない．雌ウマのこうした発情はおよそ1歳齢でも観察されるが，自然交配では若い雌は年齢の高い雌ほど雄の性行動を刺激しないようだ．なお，雄ではペニスの勃起はすでに2-3カ月齢でも観察されるが，交尾可能なのはおおむね15カ月齢以降である．

発情していない雌は雄を受け入れない．繁殖雌ウマ群を放牧で飼育し，春先に雄を群れに入れて，自然交配により繁殖を行う，いわゆる「蒔き馬」では半野生馬のハレム群とは異なり，雄が群れにいるのはこの時期だけだ．そこで，発情していない雌の雄に対する拒絶は非常に激しい反応になる．こうした群れで発情個体を探し求める雄ウマは，打たれまくったボクサーのようにボコボコにされていることがある．種雄も楽ではない．

軽種馬生産農家では，通常「肌馬」と呼称される成雌ウマを飼育して，繁殖シーズンに種馬と交配させ受胎させる．大きな生産者は雄ウマを所有しているが，一般の農家ではシーズンごとに，雄ウマを飼育している施設に発情した雌ウマを連れていき，種付け料を払って交配してもらう．種馬が有名な血統であるほど，また，優秀な戦績を残したウマであるほど種付け料は高い．普通，種付け料はシーズン中に受胎するまでという契約が多いので，農家は発情の発見に注意を払い，また交配後の受胎を祈る．雌ウマの発情発見の方法には上記のような姿勢や行動の特徴，さらに前回の発情からの日数，獣医師による直腸検査（直腸に手を入れて，直腸壁ごしに卵巣の状態を探る触診方法）などがあるが，もっとも確実なのは，雄ウマに判断させることだ．しかし，実際に交配する種馬に発情を確かめさせるわけにはいかない．その都度，雌ウマを雄ウマのいる施設に運搬するのは日常的に簡単にできることではなく，もし発情がきていなかった場合，拒絶する雌ウマが高価な雄ウマにけがをさせることもありうる．

そこで，こうした場合「試情馬」を使う．第2章の嗅覚に関する節で述べたように，試情馬は「当て馬」という俗称で知られている．もっとも，当て馬の本来の意味は現在ではあまり知られていないかもしれない．試情馬には通常，成雄ウマで性的な機能が健全でかつ扱いやすい個体が選ばれる．実際には交配させないので，競走馬としての資質は問われない．およそ1.2-1.5 m ほどの高さの頑丈な塀のこちら側に，発情を確認したい雌ウマをおき，向こう側に試情馬を引いてくる．試情馬は雌ウマをみるなりいきり立つので，こうした試情は危険な作業でもある．引かれてきた試情馬は，塀の向こう側からしきりに雌の匂いを嗅ぎフレーメンをしたり，たて

図 3-19 激しく試情馬を拒絶する雌

がみ付近を噛んだりする．もし，当該雌が発情していなければ，こうした試情馬に対して激しい拒絶を示す（図 3-19）．発情していれば，既述のような発情馬特有の反応を示す．通常，作業者はウインキングや排尿を確認して発情とみなす．ここで試情馬の役割は終わり，いきり立ったペニスをかかえたまま，試情馬は為すすべもなく引かれて雌から引き離され，雌は本命の種馬のもとに実際に交配させるため連れていかれる．この一連の流れから，「当て馬」というやや悲しい言葉が社会一般に使われているのである．

分娩後の最初の発情はウマの場合，およそ 8-10 日目にくる．ウシは分娩後およそ 2 カ月，約 60 日後に初回発情が一般的なのに比べると，ウマは子宮そのほかの生殖器官の分娩からの快復がきわめて速い．ただし，ウシの妊娠期間はヒトと同じくらいでおよそ 280 日であり，こうした生理的空胎期間を入れると，ウシは分娩後の最初の発情で妊娠したとしても，およそ 330 日後につぎの分娩となり，結果的にウシもウマも草食大動物として同じような繁殖サイクルを繰り返すことになるのだろう．

3.5 お馬の親子

春先の草原のハレムの雌ウマたちの何頭かは，かわいい子馬を連れている．どの子馬も母さんウマにぴたりと寄り添い，あまり離れようとしない(図 3-20 および図 3-21)．「お馬の親子は仲良しこよし」という童謡は行動学的真実を語っている．

「あたりまえじゃないか，動物の母子というのはそういうものでしょう」と思われるかもしれない．しかし，じつは草食動物の母子は，ウマのように母子が寄り添って暮らしているものばかりではないのだ．

たとえば，ウシの母子はウマとはまったく異なる行動を示す．群居性の草食動物であるウシもウマも，分娩時には群れからやや離れて子を産む．この後がウマとウシでは大きく異なる．ウシは産んだ子を残して群れに戻り，食草や休息など一般的な行動を行う．およそ 1 時間に 1 回程度，子のところに戻り授乳する．おいていかれた子牛は草むらにぺたりと寝て，一見隠れているようにみえる．実際，放牧地で分娩された子牛を探すのはたいへんむずかしい．ほんの 15 cm ほどの草丈の草地でさえ，30-40 kg の子牛がみつけられない．

一方，ウマでは分娩後，子馬が立ち上がるまで母親はそのそばにいる(図 3-22)．周年屋外飼育で飼育されている北海道和種馬群で観察した例では，15 分ほどで初生子馬は立ち上がった（図 3-23)．立ち上がると同時に，子馬は母ウマについて歩く．もっとも，生まれてすぐには子馬の母ウマを認識する能力は低いらしく，うろうろするばかりで，母ウマが子馬のまわりを周回し，たとえば群内のほかの個体を近づけないようにしている．

こうしたちがいから，ウシのような子育て法をハイダータイプ（子隠し型)，もしくはライイングアウトタイプ（置き去り型）とよび，ウマのように生後すぐ連れて歩くタイプをフォロワータイプ（連れ歩き型）とよぶ．ハイダータイプの草食動物にはほかにシカやヤギがあげられ，フォロワータイプにはウマのほかヒツジが知られている．

ウシのようにハイダータイプの子育て法では，もし子が捕食者に発見されたらごく簡単に食べられてしまうだろう．このリスクは大きい．しかし，親は子の面倒をみない分，採食行動や休息行動に十分時間を割くことがで

図 3-20 アングロアラブ種の母子

図 3-21 北海道和種馬の母子

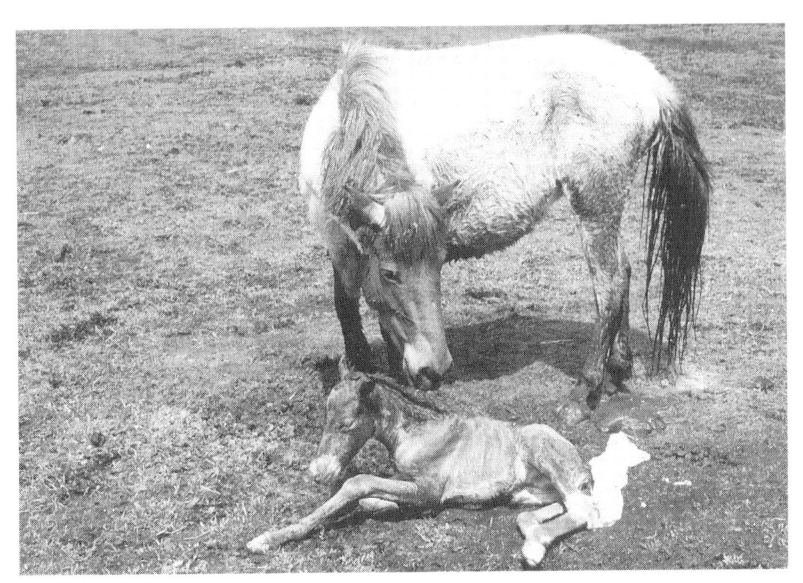

図 3-22 分娩直後，新生個体を見守る北海道和種馬母ウマ

図 3-23 分娩後，15 分程度で立ち上がった子馬
まだ四肢は頼りない．

き，栄養摂取や疲労回復の点でのメリットは大きい．これらは乳量の増加というかたちで子に反映してくるだろう．

一方，ウマのようなフォロワータイプは常時母親が子の面倒をみるので，子が危険にさらされるリスクは低くなる．また，群れとしても子を守りやすいかもしれない．ただし，親の行動は子の行動能力により制限される．すなわち，十分な栄養摂取や休息が行えない状況もありうる．「逃げる動物」であるウマは，出生直後から逃げる戦略を選択し続けているのだろう．

ところで，「フォロワー」とは子が親に追従して後をついていく様相からの用語であるが，出生直後の子馬は母ウマを十分認識できないように見受けられる．初生子馬がうろうろするたびに母ウマが心配そうに追従し，ほかの成馬やヒトが子馬に近づきすぎると，さっと子馬とその成馬やヒトとの間に入る．群れで飼育され，群内で自然分娩するウマでは，ときどき子馬が入れちがう事故が起きる．子馬は母乳を給与し庇護してくれる個体についていってしまうので，同じ時期に生まれた母子がたがいに見失い，組合せが入れちがうのである．なお，ウシにもウマにもときとして，生まれた子の面倒をみない母は存在する．

さて，ウシの子が草むらに隠れて親を待つ行動が行われる期間は，さほど長くはない．子牛はすぐに普通に歩けるようになる．ところが，その後子牛がウマの親子のように母ウシについて歩くかといえば，そうではないのだ．

ここでも，この２つの草食家畜は異なる戦略をとる．ウシでは子牛どうしが集まって，群れをつくるのである．これは子牛の保育園「クレッシェ」（フランス語）とよばれている．クレッシェは母ウシの群れと明らかに別個に存在し，放牧中の母子牛群で容易に観察することができる．比較的広い放牧地で観察していると，母ウシ群が食草中は子牛群もそのそばについて歩き，休息中はまた隣り合って休息している．母ウシがそれぞれの子牛に授乳などを行うのは，群れの行動が食草から休息へ，もしくは休息から食草へ移る移行期である．このとき，母ウシ群と子牛群は混じり合い，たがいに鳴き合いながら母子をそれぞれ探し出し，授乳・吸乳を行う．北米やオーストラリアなどにみられる非常に広大で粗放な野草放牧地であるレンジでは，食草場所はパッチとして広汎に散在している．こういう状況

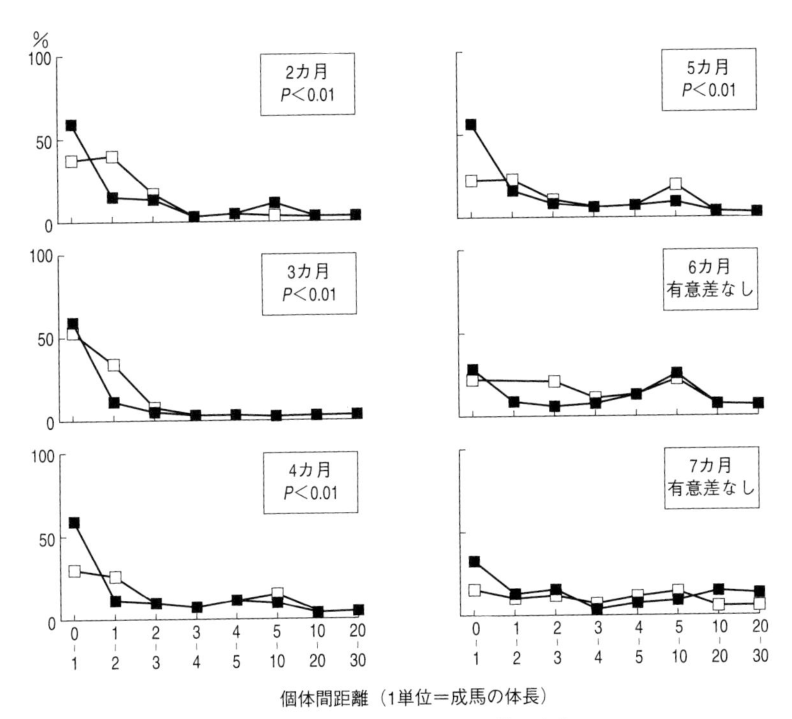

図 3-24 北海道和種哺乳子馬の月齢に伴う母子間距離の変化
■：母子馬間．□：母とほかの成馬間．

では，母ウシ群は子牛のクレッシェを休息場所に残し，遠くまで食草に出る．このとき，クレッシェを守るために成雌が残るという．この役目をするウシを乳母ウシ，「ナーシングカウ」とよんでいる．

一方，ウマの親子は相変わらず「仲良しこよし」で一緒にいる．ただし，じつは子馬の成長に伴い，少しずつ母子間は離れていくのである．図 3-24 に，周年屋外飼育している北海道和種馬母子群で観察した，母子間距離の子馬月齢ごとの変化を示してある．子馬の月齢は 2 カ月齢から離乳直前の 7 カ月齢までである．この研究は，5 組の母とその雌子馬の個体間距離を各月 1 回 15 分間隔で，6 時から 18 時まで測定したもので，母子の距離のほかに，母ウマとほかの成馬までの距離も同じく測定している．測定は母ウマの体長を目安に目視し，体長 1 単位ごとに観察された頻度を割合

(%) で示している．母子の距離は，5カ月齢までは圧倒的に馬体長1単位以内の割合が高い．また2-5カ月齢までは，母子間距離の分布は母ウマ-ほかの成馬間の距離の分布と有意な差があり，母子は成馬間より，たがいにより身近に位置して暮らしていることが明らかである．この関係は6カ月齢以降消失する．母子間の距離分布と母ウマ-ほかの成馬間の距離の分布に，差がなくなってしまうのである．つまり，「お馬の親子は仲良しこよし」の関係はおおむね子馬が5カ月齢で消え，空間構造的には母ウマとその子馬の関係は，成馬どうしの関係と差がなくなった結果となっている．この関係は，じつは子馬が雄か雌かで異なる．子馬が雄の場合，子離れはおよそ1カ月早い．これなどもハレムから雄子馬が出ていってしまう現象と関係があるのかもしれない．

こうして母子間の距離が変化するのと平行して，子馬の行動も大きく変化する．2カ月齢では1時間に1回から2回，1分程度吸乳していた子馬の吸乳回数は，7カ月齢ではおよそ半分に減る．同じく2カ月齢で日中200分程度横臥していた子馬は，7カ月齢では100分程度となり，逆に食草時間は成馬と同じ程度まで長くなる．

吸乳を含む母子間の相互関係を図3-25に示した．吸乳時間，個体間距離の平均値，母子間の相互グルーミング時間および寄り添う行動時間の各値を，相対的に平均値をゼロとするように換算した図である．母子間の距離が大きくなるに従い，吸乳時間が減少し，相互グルーミングや寄り添う行動が多くなることがうかがえる．また，この期間中に子馬どうしの遊びが増えると同時に，威嚇や回避といった子馬どうしの社会行動も増加することが観察されている．吸乳期間を通じて，子馬はさまざまな個体維持行動を発展させることは，既述のワーリング博士が詳細に報告しているが(Waring 1983)，群れで生きていくための社会的関係を築き上げている時期でもあるのだ．そして，これには子離れ・母離れも含まれる．

さて，こうしたウシとウマの母子関係のちがいから，ウマが獲得してきた「逃げる」戦略がここでも浮かび上がってきた．このような点は，吸乳時の栄養摂取パターンのちがいにも現れている．ウシでは1回の吸乳に10分程度要するが，ウマはおおむね1分以下で，その代わり頻繁に吸乳する．子牛でも吸飲された乳は反芻胃を飛び越して第四胃に入るので，そ

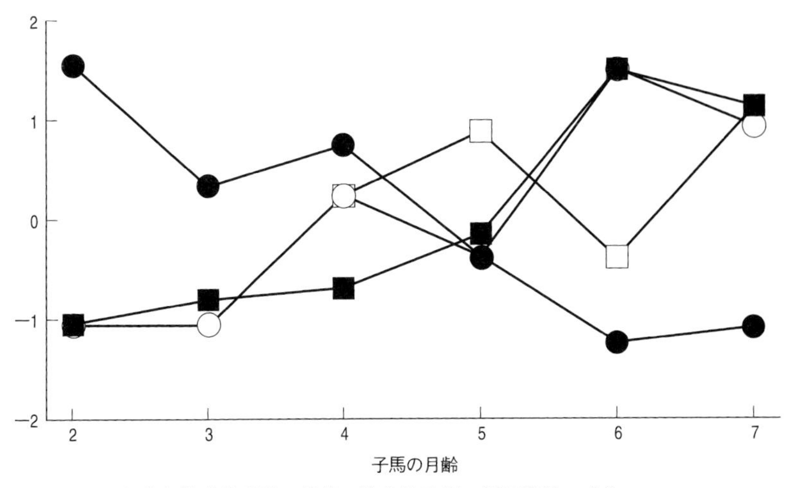

図 3-25 北海道和種哺乳子馬の月齢に伴う母子間の相互関係の変化
●：吸乳行動．■：母子馬間距離．○：相互グルーミング．□：母子が寄り添って立つ行動．

の点では子馬と変わらない．しかし，頻繁に少量ずつ飲むか，まとめて大量に飲むかは，栄養摂取の面で大きなちがいがあるのだろう．また，乳汁の摂取量もウマとウシでは大きく異なる．ウシはおよそ体重の10% 程度の乳汁を摂取していれば順調な発育が望まれるが，同じような子馬の乳汁摂取量は3-5倍に達する．こうした点も含めて，今後の研究が待たれる分野である．

社会性という点で，哺乳期間中に子牛どうしで群れをつくってしまうウシのほうが，5カ月間かけて子離れ・親離れしていくウマより，仲間社会という点ではより高度なのかもしれない．こうした行動のちがいは，それぞれの育成時のヒトとの関係にも大きく反映されている．乳牛などでは子牛は分娩直後から親から離され，ヒトの手による人工哺乳が一般的である．こうして個別にヒトが哺乳して育てた子牛を離乳後に一群としても，7-10日程度で社会的および空間構造的に比較的安定した群れをつくる（Kondo *et al*. 1984）．ところが，子馬を分娩後親から離してヒトが育てると，たいてい扱いにくい困ったウマができるという．また，こうしたウマをほかのウマと一群にしても，容易に群れに溶け込めない．ウマはイヌとともに人類の最高の伴侶といわれることがあるが，子育ての部分だけはウマに任せないとうまくいかないらしい．

さて，こうして4-5カ月齢まで母ウマにぴったり寄り添う子馬は，行動が母ウマに似ることが予想される．離乳前の母子馬群において，母ウマのヒトに対する接近許容距離を観察し，さらに離乳後の子馬群の各子馬の接近許容距離と比較した結果，両者には有意な正の相関が認められ，ヒトの接近を許す受容性の高い母ウマの子馬は，同様にヒトの接近をより許容することが明らかになっている（Noda *et al.* 2015）．

また，こうした繁殖雌ウマ群の群構造をソシアルネットワーク分析により解析した北海道大学大学院生の佐藤と多田は群内の22-26頭の繁殖和種雌ウマが4つのサブグループに分けられることを示した（Sato *et al.*, 2015）．子馬はつねに母ウマに接近して位置しているので，結果的にそれぞれの子馬も各サブグループに所属することになる．興味深いのは，離乳後に子馬のみの群を対象に，同様にソシアルネットワーク分析を行うと，この子馬群には5つのサブグループが認められ，そのうち4つは主として離乳前の母ウマのサブグループにいたことが示唆された．このことは，繁殖馬群の母ウマのサブグループはその子馬にも影響することを示唆し，もし繁殖雌ウマ群が永続的なら，母ウマのサブグループも世代を超えて維持される可能性が暗示されよう．

第4章 いまウマはどこに
現代のウマ

4.1 ウマに乗る

われわれ人類が最初にウマに乗った時期については，じつは定説がないのはすでに述べたとおりである．第1章でウマの家畜化について概略を述べたが，もしボタイの人々が騎乗していたなら，紀元前3000年以前からヒトはウマにまたがっていたことになる．実際に，歴史書や図，壁画に騎馬の人々の記述が散見されるのは，紀元前1000年以降のことであり，アッシリアの壁画に代表される西アジアの騎兵，カスピ海からアルタイにかけて広く遊牧を行っていたらしいスキタイの人々，北-中央アジアの草原でウマとともに暮らし，ときとして中華の大地を侵した匈奴の人々などは，おおむねこれから約1000年間のことである．この時代にウマに乗ることが普及し，また，馬具の発達が顕著だったのであろう．従来の通説は騎馬の起源をおよそこの時代としているが，実際にはもっと早い時代からヒトはウマに乗っていたものと思われる．

なお，現代のわれわれがウマに乗る際にウマにつける馬具は，ハミと頭絡（とうらく）が1つに組み合わされたものと，クラとアブミがセットになったもので，これだけ装着すれば曲がりなりにもウマに乗れる．もちろん，頭絡のみでクラをつけなくても乗れるが（図4-1），こうした馬具により乗馬をより快適にかつ効率的に行える．歴史的には，こうしたさまざまな馬具はバラバラに発達したものである．

馬具のうち，ハミと頭絡がもっとも古く，蹄鉄は現在の馬蹄形のものが紀元前1世紀ころヨーロッパで発明されたらしい．アブミはさらに新しく，4世紀の中国の晋の時代らしく，5世紀のアブミが朝鮮半島やわが国でもいくつも出土している．ヨーロッパでは7世紀ころから確認されているが，一般的に普及したのは10世紀ころであろう．少なくともアブミに関する

図 4-1 クラもハミも用いず頭絡のみで騎乗する作業者（北海道大学名寄演習林にて）

かぎり，われわれ大和民族はヨーロッパ人より 200 年くらいは先をいっていたといえる．

とにかく，地理的には大きなばらつきがあったにしろ，紀元前 1000 年くらいから，文化によってはその社会に対してウマがたいへん大きなウエイトをもった時代が，つい最近まで続いていたといってよいだろう．ただし，20 世紀中ごろから欧米社会を中心に爆発的に発展したモータリゼーションの波が，日常生活のなかでの騎馬の風習を消してきた．

表 4-1 に 1976 年から 2014 年までおよそ 10 年間隔の世界主要国のウマ飼養頭数の概要を示したが，この 20 年間でおよそ 34 万頭の減少をみている．しかし，この数字はもう少し細かくみると，おもしろい傾向がある．大きく減少した国として，ロシア（旧ソ連）とポーランドがあげられる．米国や中国は増減が激しく，中国では 600 万頭から 1100 万頭まで変化し，米国はやはり 600 万頭から 1000 万頭強と増減している．旧ソ連の数字は，86 年から 92 年の間におきたソ連邦解体で，ウクライナはじめたくさんの地域が離れていったことによるものだろう．もっとも大きな減少をみせた

表 4-1 世界主要国のウマ飼養頭数の変化（千頭）
（FAO の農業生産年報 1995 および 2017 より作成）

国　名	1976	1986	1996	2006	2014
イギリス	140	171	173	388	400
フランス	398	291	338	423	410
ドイツ	341	370	680	510	372
イタリア	253	248	324	290	391
スペイン	268	248	260	245	250
ポーランド	2151	1272	569	307	207
ルーマニア	562	672	806	834	548
中　国	6900	11081	10071	7402	6030
ロシア（旧ソ連）	6415	5800	2300	1319	1375
米　国	8600	10600	6050	9500	10260
カナダ	350	340	350	385	408
アルゼンチン	3500	3000	3300	3650	3600
メキシコ	6491	6140	6250	6300	6355
ペルー	637	655	665	730	743
ブラジル	5800	5735	6394	5749	5450
オーストラリア	385	401	240	257	270
世界全体	62113	65252	61836	59608	58914

国はポーランドであり，約 40 年間でウマの頭数は 1 割程度になってしまっている．ポーランドでは 90 年代までじわじわと減少した後，急激に減少している．ベルリンの壁の崩壊後の経済自由化に伴い，やや遅れ気味であったモータリゼーションの加速化と，農業構造の大きな変化がうかがわれる．オーストラリアも 10 万頭ほどの減少となっているが，この国も 90 年代以降の変化は小さい．

以上の国々を除くと，じつはこの 20 年間でウマの頭数はあまり変化がないことがわかる．ドイツおよび中国は増加傾向にあるが，ドイツは東西ドイツの統一により増加したものと思われ，中国の数字は 1976 年の値がごく低く，81 年以降の変化は小さい．76 年の数字は統計資料の精度に起因するのかもしれない．

いいなおすと，この間のウマの頭数は，中南米諸国，ヨーロッパ，カナダ，英国，さらに日本も含めてあまり大きな変化はないといえる．これらの国々におけるウマの頭数の変化は 1970 年代以前に起こり，それ以後はおおむね変化はない．全世界の総頭数についても，40 年間でおよそ 300

万頭の減少をみたが，その経過は一定した減少傾向を示すものではなく，変動係数でいえば2.5% 程度の変動である．おそらく，欧米諸国のウマ頭数が激変したのは20世紀初頭から中ごろまで，すなわち2つの世界大戦が大きな影響を及ぼしたのだろう．

現在，わが国でウマに乗る風景がもっともポピュラーなのは競馬場である．中央競馬だけで年間3000回以上のレースが開催され，売上総額は4兆円を超える．このほかに各自治体が主催する地方競馬があり，また素人ジョッキーがウマと技を競う草競馬も所によっては開催されている．

ヒトがウマに乗りそのスピードを競う，といった形態の競馬の歴史は古い．おそらく，ヒトがウマに乗り始めた直後から，「あの木まで，おれの黒いウマとおまえの白いウマのどちらが早く行き着くか，比べてみようぜ」といった競走はあったにちがいない．ローマの貴族は戦車競走や騎馬レースを楽しみ，中近東の王侯は自慢のアラブ種を走らせた．当然，ウマとともに暮らす遊牧民もこうしたレースを楽しんだにちがいなく，現在もモンゴルではナーダムというお祭りのなかで，おもに子どもが騎乗して争う長距離レースがある．わが国でも，『続日本書紀』に701年にウマの競走が行われたことが記されているし，「くらべうま」として朝廷主催の競馬があったことも知られている．こうしたわが国独特の競馬は，現在も神社で神事競馬として行われている．

近代競馬は17世紀の英国に始まった．チャールズ2世（1630-85年）の時代に，競馬の規模拡大と競走馬の改良を目的に，北アフリカをはじめアラブ，トルコなど中東産のアラブ種を大量に英国にもちこみ，当時の英国貴族が所有していた雌ウマと交配させてできあがったのが，現在のサラブレッド種である．著名な三大根幹種雄馬バイアリー・ターク，ダーレー・アラビアン，ゴドルフィン・バルブもこのなかにいた．18世紀に入り，競馬成績の正確な記録「レーシング・カレンダー」や英国サラブレッド血統書「ゼネラル・スタッドブック」が刊行され，近代育種技法の基礎である交配記録と家畜の生産成績（この場合はレースの勝敗であるが）が整えられた．また，この時代にレースの距離が短くなり，1776-1811年にかけて，重要なレースは2マイル以下で争われるようになり，19世紀初めにはほとんど現在の競馬のかたちができあがった．現在，こうした英国

表 4-2 世界の競馬開催国（天田 1998）

［ヨーロッパ］	英国　アイルランド　フランス　イタリア　ドイツ　デンマーク　スウェーデン　ノルウェー　スイス　オーストリア　オランダ　ベルギー　ギリシア　スペイン　ポルトガル　ジブラルタル　ロシア　チェコ　スロバキア　ハンガリー　ポーランド　ブルガリア　ルーマニア　旧ユーゴスラビア
［アフリカ］	南アフリカ　ケニア　ウガンダ　アルジェリア　チュニジア　モロッコ　リビア　エジプト　ガーナ　ギニア　モーリス諸島　ナイジェリア　マダガスカル
［大洋州］	オーストラリア　ニュージーランド
［アジア］	日本　中国　韓国　マカオ　フィリピン　シンガポール　マレーシア　タイ　ベトナム　インド　パキスタン　アラブ首長国連邦　バーレーン　カタール　レバノン　トルコ　キプロス
［南北アメリカ］	米国　カナダ　プエルトリコ　ドミニカ　メキシコ　トリニダードトバコ　ジャマイカ　パナマ　アルゼンチン　ブラジル　チリ　ペルー　ベネズエラ　ウルグアイ　コロンビア　エクアドル　パラグアイ　ボリビア

式競馬は世界約70カ国で行われている（表4-2）.

こうした近代競馬については，興味深い事実やおもしろいエピソードが多いが，その種の本が非常にたくさん刊行されていることもあり，この節ではヒトが乗ったウマのスピードと距離についてふれたい．いったい，もっとも速いウマはどんなウマなのだろう．また，ヒトはウマに乗ってどこまで行けるのだろう．

「もっとも速いウマはサラブレッドである」と，競馬ファンのみならず，たいていはそう思う．しかし，じつはサラブレッド種が速いのは，上記のように，おおむね2マイル以下の距離であり，サラブレッド種は，1000 m以上4000 m以下でもっとも速く走れるように育種されてきた家畜なのである．表4-3に，さまざまな記録からおこした騎乗したウマのスピードベスト30を示した．さすがにベスト30のうち，26頭をサラブレッド種が占めている．しかし，第1位はサラブレッド種ではない．クオータホース種という米国で育種されたやや小柄のウマが時速70 km/時近くを記録し，地上最速のウマということになっている．これは距離が400 mで争われたものだ．

このウマの名称，クオータとは1マイルの4分の1を意味し，開拓時代のアメリカ西部の町のメインストリートなどで，ヤンチャなカウボーイた

表 4-3 ヒトが乗ったウマのスピード記録ベスト 30

順 位	品種	用途	距離 km	時速 km/時	備 考
1	クオータ	騎 乗	0.4	68.51	
2	チベット馬	騎 乗	10	67.04	海抜 4500 m
3	サラブレッド	レース	1.2	64.6	1997 年
4	サラブレッド	レース	1	64.4	1997 年
5	サラブレッド	レース	1.4	63.6	1996 年
6	サラブレッド	レース	1.6	62.5	1994 年
7	クオータ	騎 乗	0.2	62.06	
8	サラブレッド	レース	1.8	62.0	1994 年
9	サラブレッド	レース	1.5	61.4	1992 年
10	サラブレッド	レース	1.3	61.4	1976 年
11	サラブレッド	レース	2	61.3	1997 年
12	サラブレッド	レース	1.1	61.0	1970 年
13	サラブレッド	レース	1.7	60.9	1985 年
14	サラブレッド	レース	2.2	60.8	1995 年
15	サラブレッド	レース	2.4	60.8	1989 年
16	サラブレッド	レース	1.9	59.9	1980 年
17	サラブレッド	レース	2.5	59.8	1996 年
18	サラブレッド	レース	2.3	59.8	1994 年
19	サラブレッド	レース	3.2	59.3	1997 年
20	サラブレッド	レース	2.6	59.2	1997 年
21	サラブレッド	レース	2.1	58.8	1969 年
22	サラブレッド	レース	3	58.7	1995 年
23	サラブレッド	レース	3.6	58.5	1994 年
24	サラブレッド	レース	3.1	57.9	1973 年
25	サラブレッド	レース	2.8	57.5	1994 年
26	サラブレッド	レース	4	56.3	1974 年
27	サラブレッド	レース	3.3	52.2	1949 年
28	サラブレッド	レース	0.8	52.0	1959 年
29	サラブレッド	レース	3.4	50.1	1947 年
30	貴州馬	騎 乗	1	45	

サラブレッド種の記録は中央競馬会の最高タイム，備考は記録年．

ちが愛馬のスピードを競った草競馬を起源とするらしい．アメリカ人は，こうしたすぐさま結果が出てスピード感あふれるレースが好きで，現在も化けもののような自動車で 400 m の加速度を争う「ホットロッド」というレースが行われている．また，自動車の加速度を表すゼロヨン加速とは，停止した状態から 4 分の 1 マイルである 400 m までの所要時間をいうものだ．

おもしろいことに，第2位にチベット馬が入っている．この記録は「ホースメート」誌（第10巻，pp. 25-26）に記載されていた．中国農業科学院畜牧研究所が1986年に発表した記録を引用したものだ．海抜4500 mで10 kmを8分57秒で走ったことになっているが，事実とすると空恐ろしい記録である．中国農業科学院畜牧研究所が同時に，海抜3900 mで1500 mを走らせたチベット馬はおよそ2分，時速45 km/時ほどで走ったことになっている．

このベスト30でも，1000 mから4000 mではサラブレッド種が完全に優勢を占めている．ただし，この範囲内でも距離が伸びると，サラブレッド種といえども若干スピードが落ちる．図4-2に1947年から1997年までの中央競馬の優勝タイムから算出した速度を800 mから4000 mまで100 mおきに示したが，1000 mから3200 mと距離が伸びるに従い，速度は秒速で2 m/秒ほど低下する．

一方，移動距離について，表4-4にヒトが騎乗したウマの移動距離記録ベスト10を示した．第1位は，第2章でも述べた南米アルゼンチン原産

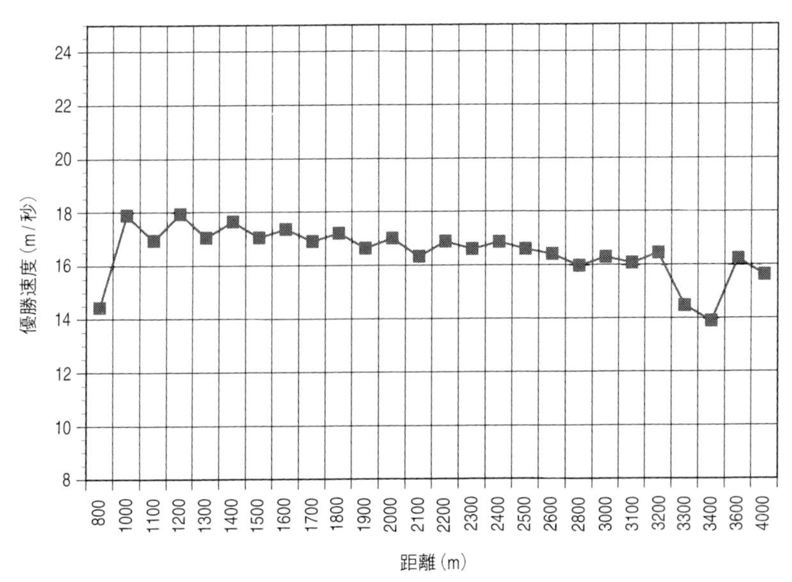

図4-2 1947-97年の距離別中央競馬最高タイムの平均速度

表 4-4 ヒトが乗ったウマの移動記録ベスト 10

順位	馬種	距離 km	所要時間			速度		備考
			日	時	分	km/時	km/日	
1	クリオージョ	15360	900				17.1	1925 年記録
2	アーカル・テッケ	4752	84			5.6	56.6	1935 年砂漠を含む
3	米国騎兵用馬	483	5			9.6	96.6	1991 年騎兵用馬テスト
4	アラブ	482.7			522	0.9	22.2	
5	ドン	311.6		20		15.58		1951 年
6	オーストラリアン ストックホース	274	4			6.8	68	37.8℃
7	信濃官用馬	196	1			19.6	196	8 世紀飛駅使
8	エンデュランス	160		10		16		優勝馬
9	信濃官用馬	157	1			15.7	157	8 世紀飛駅使
10	北海道和種馬	100	1				100	伝　聞

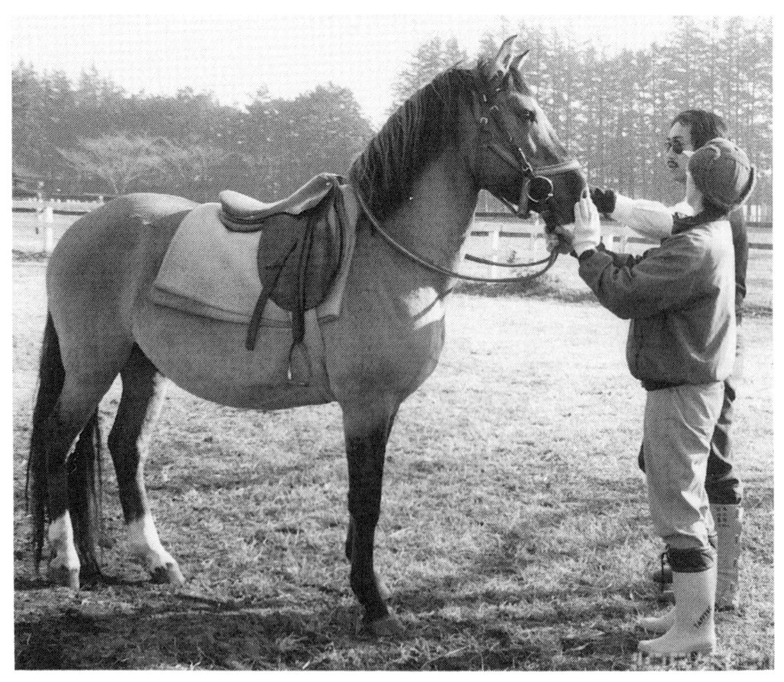

図 4-3 クリオージョ種（東京大学農学部附属牧場所有馬）

のクリオージョ種（図4-3）で，このウマはヒトを乗せて，1925年にブエノスアイレスからニューヨークまで直線距離で8500 km，実質約1万5000 km移動した．これはアルゼンチン人チェフリー氏の記録であるが，じつはウマは2頭使用している（興村1930）．第2位は「黄金のウマ」として知られるアーカル・テッケ種で，イラン北部のトルクメンで成立した品種である．1935年に，この地区の町アシュハバードからモスクワまでの4752 kmを84日間で走破している．この間，900 kmあまりは水のない砂漠であったと伝えられている．しかし，1日の移動距離は56 km程度で，わが国8世紀の駅馬制度のなかで，官用馬が移動しなければならなかった距離より短い．ただし，こうした駅馬は駅ごとに交換されるので，おそらく何日も連続して使われることはなかったものだろう．その点で，84日間の連続騎乗に耐えたアーカル・テッケ種の記録は偉大である．1日あたりもっとも速く，かつ連続的に移動した記録は，第3位の米国における騎兵用馬のテストの記録で，1991年のものである．483 kmを5日間で走らせている．時速では，8世紀の信濃官用馬の飛駅馬が1日で196 km移動し，10時間走行したとすると，およそ時速20 km/時となる．また，1951年にロシアのドン種が20時間で311 kmを移動している．

19世紀の北米では西部と東部を結ぶ通信機構としてポニーエクスプレス（Pony Express）があった．青年や少年が体高140 cm程度のクオータ種かムスタング種などのポニーに乗り，つぎつぎに馬を取り替えながら郵便物などを中継した制度である．実際には1860年4月から1861年10月まで運用され，東部ミズーリ州のセントジョセフ市からカルフォルニア州サクラメントまで，およそ2000マイル（3200 km）を約10日で駆け抜けたと伝えられている．

以上の記録から，十分に訓練したウマであれば，1日に100 kmから200 km移動することはむずかしいことではないのだろう．13世紀のモンゴルの騎馬軍団の移動速度は，1日200 km程度であったという．ただし，モンゴルの騎馬兵士は各自が常時替えウマを連れていたといわれる．公式レースである長距離耐久レース，エンデュランス競技では，1日80-160 kmが主であり，160 km以上の距離を数日にわたって走破する競技もある．1000 km以上の移動ともなると，平均時速はおよそ5 km/時程度，ヒ

図 4-4 ウマでウシを追う内モンゴルの牧民（中国内モンゴル自治区）

図 4-5 アルゼンチン・ブエノスアイレス郊外の肉牛競売場で牛群をコントロールするウマとガウチョ

トが歩く速度で移動することになる．クリオージョ種の1万5000 kmという記録は17 km/日程度である．

ウマに乗って実際の作業を行う風景をみることは，きわめて少なくなった．ただし，中央アジアの草原では，いまだにウマでウシやヒツジなどの放牧家畜を管理している（図4-4）．北米で独特の発達を遂げたカウポニーが実際にウシの長距離移動に使われた時代は，19世紀の中ごろに終わってしまい（鶴谷1989），その後は牛群から個体をより分けるためなどに，なお使われているが，現在は競技として行われることのほうが多いようだ．アルゼンチンのパンパではガウチョとよばれるカウボーイがウシを追った．現在もなお肉牛の競売場で，ウシの選り分けや積み込みなどにたくさんのウマと乗り手が活躍している（図4-5）．

4.2 ウマの力を利用する

ウマはたいへん力が強い動物であるといわれることが多い．人類の歴史のなかで，比較的手軽に扱えて，取り出しやすい動力源であり，また，世界各地の気候にも，広範に適応できる生きものであったからであろう．たとえば，ゾウはウマよりもはるかに力が強く，長い鼻を利用して，特別な装置なくしてクレーンと同様の作業をこなす．現在でも，アジア南部を中心にゾウの使役が行われている．しかし，歴史のなかでゾウはウマほど普遍的には使われてこなかった．繁殖管理がむずかしいという面もあるだろうが，やはり寒さに弱い点が大きなネックとなっていたのであろう．一方，ウマは酷暑の砂漠地帯から酷寒のシベリアまで世界各地で利用され，人類の生活になくてはならないものであった．

現在の最新型スポーツカーでも，エンジン性能を表す言葉として「馬力」が使われる．これは，ウマ1頭分の力を単位として評価する指標で，使役馬がポピュラーでなくなった現在でも，18世紀以来いまだに使われている．じつは，この力の単位はジェームス・ワットが発明した蒸気機関のキャッチコピーだったのである．

ワットは自分が発明した蒸気機関の力をどうやって人々に理解させるか考えたあげく，当時もっとも一般的だった動力源であるウマと比較して表す方法を考案した．すなわち，「この新発明の蒸気で動く機械は1台でウマ10頭分に相当します」といったほうが，「1秒間に75 kgのものを10 mもち上げます」というよりはるかにわかりやすい．そこで，ワットはまずウマの力を計ってみせた．回転する12フィートの腕木にバネばかりでウマをつなぎ，1分間に2.5回転させたのだった．ウマは175ポンドでこの腕木を引いたから，結果的に仕事率は3万3000ポンド・フィート/分（75 kg･m/秒に相当）となった．ワットはこれを1馬力とし，上記のように現在もこの単位が使われ続けている．

どういうわけか，ワットは測定したウマの力を1.5倍にして公表したらしい．ワットは自分が発明した機関の力を控えめに表現したかったといわれているが，どうもマーケット戦略からこういう操作をしたのではないかと考えられている．ワットの蒸気機関を購入したヒトが実際に使ってみると，ウマよりも強力な力を出すようだという効果をねらったものだ．すなわち，10馬力の蒸気機関は，事実上15頭分のウマの力に相当する．

ワットの例を引くまでもなく，19世紀の工学者ランキンは各種畜力の仕事量を比較している．普通の牽引馬の仕事率を1とすると，雄ウシが0.66，ラバが0.50，ロバは0.25であり，上下運動で作業するヒトは0.08程度，回転運動での作業では，ヒトは0.1程度と計算した．ウマはヒトの10倍以上の仕事をこなすことになる．

わが国でも犂(すき)を引く作業には，水田が多かった西国ではウシが，畑が多かった東国ではウマが使われた．水分含量の少ない硬い大地を耕すためには，やはりウシよりウマであったのだろう．もっとも，わが国での畜力による耕起は明治時代までさほど一般的ではなく，明治期に入りさかんに奨励され，馬耕教師なる指導員がウマによる犂起こしの奨励指導に歩いたという記録がある（大日本農会 1979）．

さて，人類がこのような強力なウマの力を動力源として利用した方法は，大きく2つに分かれる．1つは運搬であり，もう1つは動力自体を取り出して利用する形態である．さらに運搬は，紀元前4000年にメソポタミアで発明された車輪を利用して馬車でものを運ぶ輓曳(ばんえい)による方法と，ウマの背に荷物をくくりつけて運ぶ駄載(ださい)という方法がある．前者にはそりを引く輓曳も含まれる．また，動力として用いる場合も，ウマ自体が作業機を引

図 4-6 脚踏式馬力の写真（社団法人日本馬事協会提供）

っ張って作業する場合と，動力自体を取り出す方法の２つがある．農業用トラクターは，草刈り機（モア）や犁（プラウ）をつけて移動しながら作業する場合と，トラクターを停止した状態でエンジンから直接伸びている動力用回転軸（PTO；power take out）を大きな作業機につないで使う場合があるように，ウマの動力利用にも２種類ある．畑を耕すプラウを引くウマは前者であるし，ワットの馬力測定装置が模したような汲み上げポンプや挽き割り機を動かすウマは後者である．また後者には，巨大な箱のなかに入った数頭のウマがキャタピラのような床を踏みながら回転させ，コンバインを動かす機械があった（図 4-6）．もっとも，ウマが引く草刈り機（モア）や集草機（レーキ）などは，ウマが作業機を引く力が車輪を回転させると同時に，作業機は回転力の一部を取り込み，刈り取り用のバリカンを動かす構造になっており，両者が一体化した形態となっている（図 4-7）．また，作業機の牽引では，ウマ自体にかかる圧力は運搬の輓曳と同様に前方に引っ張る力であり，その点では輓曳運搬と作業機の牽引は同じである．なお，北海道大学のキャンパスにある重要文化財旧札幌農学

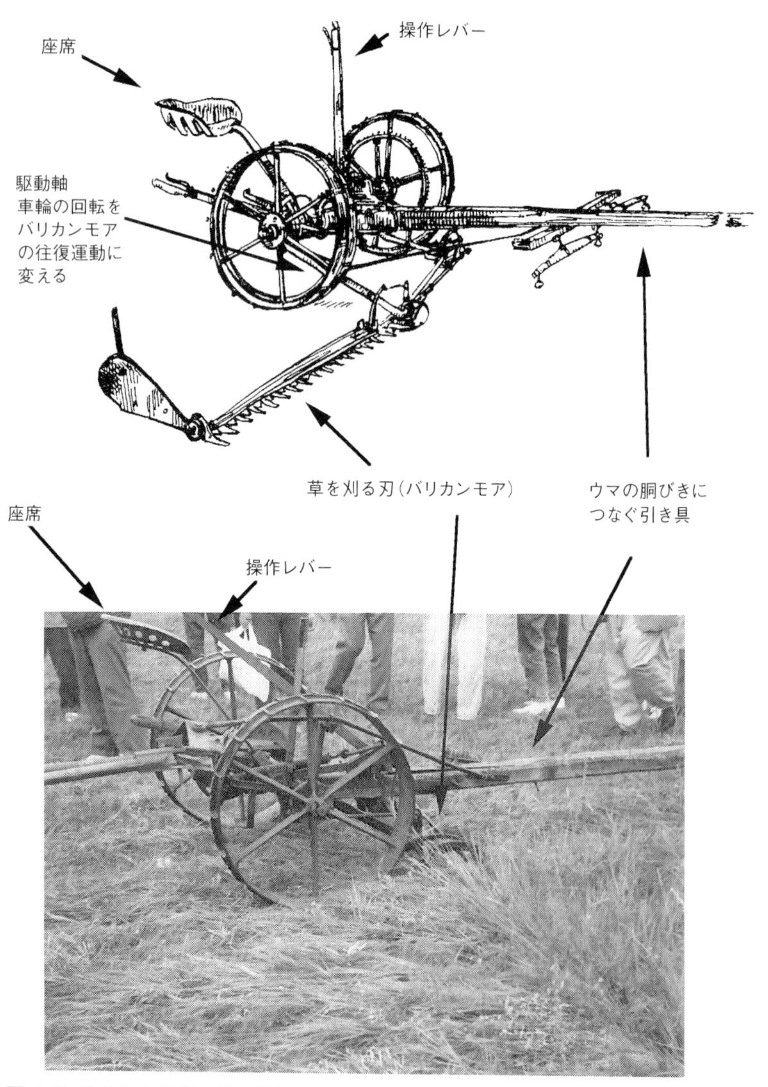

図 4-7 馬引きの草刈り機の構造

図 4-8 馬車を引く重種馬（カナダ・アルバータ州）

校第二農場牛舎群のモデルバーン2階の乾草庫には，当時使用された馬力を利用した農機具（草刈り機，麦刈り機，コーン播種機など）が数多く展示されている．

運搬に使われるウマは，輓曳用か駄載用かで大きさが異なる品種を産んでいる．輓曳および作業機の牽引に使用するウマは，巨大で力の強い品種を産んだ．シャイアー種，ベルジャン種，ペルシュロン種などがその代表で，体重は1トン以上となり，体高は180 cmを超えるものもある（図4-8）．犂による耕転では，よく訓練されたウマとベテランの農夫の組合せで，1日におおむね1 haの大地を耕起できるという．こうした輓曳用のウマの品種は，概して穏和で扱いやすい．作業機をつけて着実に歩くことが期待されたと同時に，何頭も並べて使われることも多く，競走用のウマのように激しく競り合うような性質は好ましくなかったためであろう．

図4-9に輓曳用の馬具の和名名称を示した．この図で「がら」となっている部分は，英語ではカラー（callar）という．「わらびがた」と「がら」はウマの力を最大に引き出すための重要なパーツだが，じつはその使用の歴史は意外と新しい．科学史家の平田博士によると，こうした形態のウマ

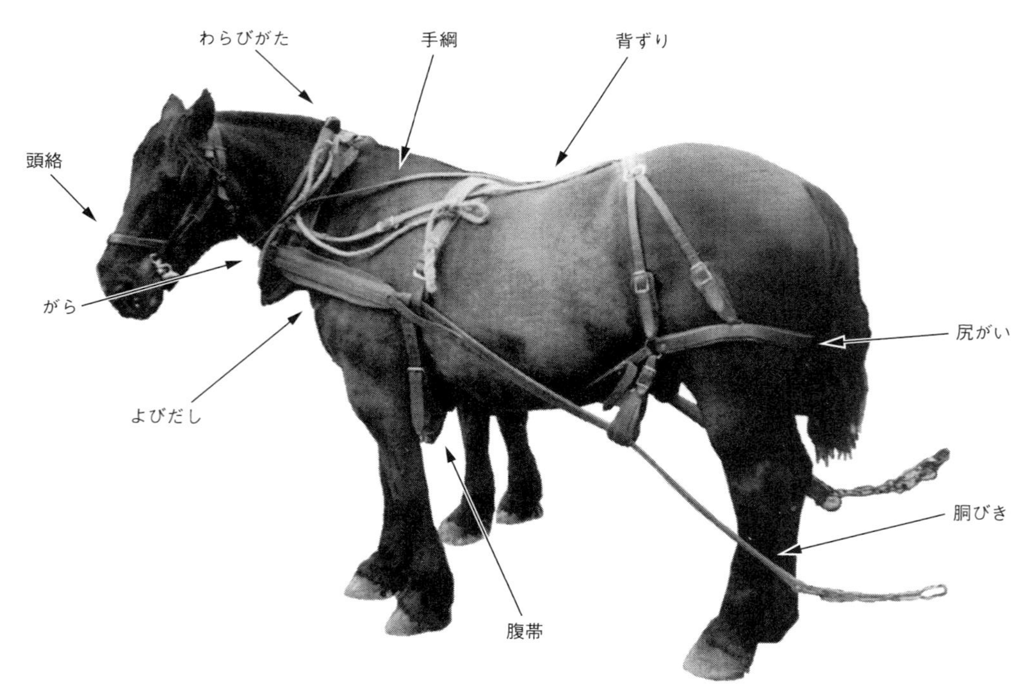

図 4-9 輓曳用の馬具の和名名称
胴びきに作業機や運搬機を連結する.

図 4-10 ウシの「くびき」(中国黒竜江省にて)

用の牽引器具がヨーロッパにもたらされたのは，中世の9世紀ころである．もともと中央アジアのステップで用いられていたものがトルコを経て，ゲルマン人によりヨーロッパにもちこまれたらしい (平田 1976)．

ウマを馬車などにつないで動力を引き出す方法は，紀元前15世紀のエジプトの壁画にすでにみられる．この壁画では，ウマを戦車につなぐ器具は，基本的にウシに使われていた「くびき」と変わらない構造であった．ウシのくびきは，盛り上がった肩の部位の前方の短く太い首の上部にまっすぐ，もしくはやや湾曲した棒をかけ，その両端からよく発達した肩端と前胸を取り囲むように，弓形もしくは方形の木枠をその棒に取りつけてつくったものである (図 4-10)．この形状のくびきは，ウシの形態によく適合しており，力がかかっても血行を妨げたり呼吸を困難にすることはない (平田 1976)．ウマのくびきも，古代エジプトからローマ時代を経て中世にいたるまで，基本的にウシのくびきと同様の構造であった．すなわち，肩の前方に横木をわたし，そこから逆Y字型のくびきをおろし，ウマの肩から首に力がかかるようにしたものである．しかし，この方式だと，重い荷物が負荷されたとき，力はウマの肩や背にかからず，頸動脈と気管を圧してしまう（平田 1976）．平田博士はルフェーブル・デ・ノエットの実験を引用し，こうしたウシ型くびきを使用したときの牽引力は，450 kg の重さのものを引っ張るのがせいぜいで，ウマの真の牽引力の 4 分の 1 程度か，それ以下だとしている（平田 1976）．平田博士はローマの農学者の労働力の見積もりを紹介しており，ローマ時代のこうした形状のくびきによるウマの牽引力は奴隷 4 人分に相当するが，ウマの摂取量は奴隷の 4 倍だから，奴隷が十分いればウマより経済的だという見解を示している（平田 1976）．

牽引におけるウマの真の力は，中世に現在のような首輪方式（がら）が開発されるまで，人類は十分利用できなかった．この方式の構造はいたって簡単で，しんを入れた首輪（がらもしくはカラー）をウマの首にかけて力が肩と胸にかかるようにしたものである．なお，牽引点は首輪の両側中部となり（図 4-9），ウシより背の高いウマに，より適応的になっている．

もう 1 つのウマの力の利用方法は，ウマの背に直接荷物を載せる駄載である．一般に駄載は輓曳より運搬能力は低い．ただし，輓曳は地表面の状況が良好でなければ速やかな運搬はむずかしい．その点，駄載はヒトが歩けるところであれば，どこへでもものを運ぶことができる．積み下ろしの際の利便からか，駄載に用いるウマは比較的小柄なものが多い．わが国の在来馬でつい近年まで駄載に用いられていた北海道和種馬の例をあげると，体高は 130–140 cm 程度，体重が 350–400 kg 程度であった．また，わが国島嶼産の小格馬であるトカラ馬や与那国馬，対州馬などは体高がさらに小さく，狭いところでの使い回しがよく，かつ飼料要求量が少ないという形態となっている．こうした駄載の能力について，さらに和種馬の例で検討すると米俵で 3–4 俵，180–240 kg 程度は積んだといわれている．昭和 8 年に行われた駄載量調査では，平均 150 kg を積んだウマが 1 日 10 時間で 50–80 km を走破したとある．また，同じ調査で，200 kg 駄載の場合，40 km を 3 時間で走破している．こうした北海道和種馬による駄載は昭和 40 年代まで道南を中心に行われ，当時実際に駄載に従事した方によれば，米俵 6 俵（左右 3 俵ずつ，計 360 kg）積んだことがあるという（近藤 2012）．また戦前から始まっていた青函トンネルを掘削するプロジェクトでは，函館近辺の工事現場まで高圧電線を引くための山地への鉄塔建設にドサンコ

図 4-11 ダンヅケで薪材を駄載する北海道和種馬（1999年北海道和種馬共進会にて）

（北海道和種馬）は活躍した．鉄塔建設時には鉄材 400 kg を積んだとも聞いた（近藤，私信）．このときはウマの負担がきつすぎて 10 km ほどしか行かせられなかったという．この積載量はほぼ和種馬の馬体重に等しい．

北海道和種馬では，「ダンヅケ」と呼称される駄載法がとられている．5頭のウマの尻尾と端綱を結び，先頭のウマにヒトが乗り，一連の隊列として運搬を行うものである（図 4-11）．北海道和種馬保存協会が行った北海道和種馬耐久試験では，5頭に各 110–150 kg の重さを載せ，10 km を1時間4分から28分で歩いた（長内 1990）．このときは2組のダンヅケで駄載量および速度の測定を行っているが，それぞれが運んだ量は 623 kg および 685 kg であった．なお，10 km を歩いたと書いたが，実際は北海道和種馬独特の側対歩で走行し，時速になおすと速いほうの隊列は時速 10 km/時程度で移動したことになる．

北海道和種馬では，このほかに「長もの」と称する 3-4 m の角材や高圧電線鉄塔用の鉄材を運ぶ．トラックが通れないような山間部に鉄塔の材料を運ぶことは，ヘリコプター輸送が一般化するつい先ごろまで，北海道和種馬に任せられていたのであった．なお，和種馬による駄載の輸送量は，

8世紀の中馬（ちゅうま）制度の記録や江戸期の遠野の南部馬の記録から，おおむね30-40貫（120-150 kg）程度で，上記の北海道和種馬の駄載試験の結果と大きなちがいはない．

明治初期に中国大陸へ侵攻した旧日本軍の軍馬が，西欧諸国の武官から「ウマの格好をした猛獣」と酷評され，また，実際の戦場で十分な活躍ができなかったことから馬匹（ばしつ）改良法が定められ，その結果，一時はわが国から在来馬が駆逐されそうになった．当初わが国の軍馬の主流であった和種馬の資質が，劣悪で近代戦に耐えられぬという判断のもとに，早急に先進諸外国の優良な血液を導入すべしと意図されたものである．

しかし，これらは和種馬の資質が劣悪であったせいだろうか．「ウマの格好をした猛獣」は明らかに調教の不備である．徳川300年の平和な時代に，わが国のウマは軍隊運動という調教を積極的に受けることはなかったし，実戦で鍛えられたわけでもない．戦国時代や鎌倉時代の戦闘用馬術や軍馬運動は形骸だけが残り，何十頭のウマを並べて行進するなどという分隊運動も絶えてなかったわけだから，無理もない．さらに輓曳がほとんどなく，運搬はほとんど駄載によって行われていたわが国で発展した和種馬という品種を大砲の輓曳に用いようとしたわけであるから，これもウマの運用をまちがえたわけだ．もちろん，当時の近代戦に対応できるウマの品種がわが国に存在しなかったのは事実で，調教方法の改善と大型輓馬の導入は必然であったろうが，まるで和種馬が劣悪なウマのように解説されているウマの本をみると，調教の不備および運用のまちがいというヒト側のミスがウマに押しつけられた感があり，残念である．

ウマの力を運搬などの作業に使う世界は，アジアではまだまだ多い．一方，わが国をはじめ欧米では，アトラクションや技術の維持といった観点以外では非常に少なくなっているのが現状である．ただし，駄載馬のように道なき道を150-200 kgも運搬できる能力は，現代でもヘリコプター以外はない．阪神大震災のときに，倒壊した神戸の街中での救援物資の運送が困難をきわめたと聞いている．もっとも活躍したのがオートバイ・原付自転車（バイク）であったそうだが，これら二輪車の運搬能力は知れたものだろう．もし，北海道和種馬のダンヅケ隊が利用できたら，軽トラック1.5台分くらいの救援物資が1隊列で運搬できただろう．実際2010年代

図 4-12　上：北海道函館で行われた災害救助馬訓練の模様．設置された障害物を乗り越えて荷物を運搬する（2014 年）．下：災害救助物資として多い段ボールや水タンクを駄載する訓練．

に入り，上記のコンセプトを受け，北海道和種馬保存協会道南支部のメンバーにより災害救助騎馬隊が結成され，定期的に訓練が行われている（図4-12）．

4.3 ウマを食べる——隠れたウマの利用としての肉生産

ウマの肉利用は複雑な様相を呈する．同じような風俗習慣をもつ人々のなかで，ある家畜の肉を食べる人々と食べない人々は当然存在する．また，国のちがいや宗教のちがいにより，ある種の家畜肉を食べない人々はいる．ヒンズー教徒にとってのウシ，イスラム教徒にとってのブタなどがそうだ．前者は聖なる動物として，後者は汚れた動物として口には入れないことになっている．わが国でもほんの百有余年前まで，獣肉は公式には食べないことになっていた．しかし，実際はかなり食べられていたことが民俗学的に明らかとなっている．

ウマをかわいがる人々が馬肉を食べたがらないのは当然である．現代の先進諸国における最大の食肉タブーは，ペットとされている動物を食べることで，イヌやネコを食べることはタブー視されているところが多い．韓国では伝統的に犬肉を食べるが，オリンピック開催時には欧米諸国の来訪者をおもんばかり，表通りから犬肉料理店を駆逐したといわれている．先進諸国のウマは使役動物としてより伴侶動物として扱われる機会が多くなり，その点で馬肉忌避が起こっても不思議はない．

複雑な様相といったのは，馬肉食を非常に嫌うのがアングロサクソン特有の現象であるからだ．すなわち，英国人と米国人のアングロサクソン系の人々は，ウマを食べることをたいへんいやがる．現代のわが国のウマ文化の主要な部分が競馬と馬場馬術で支えられ，これらの源が英国であったことから，「ウマ先進国では馬肉など食べない」と主張する人々もいるほどである．しかし，同じヨーロッパでも，フランス，ベルギー，オランダ，ドイツ，イタリア，ロシアなどでは「ウマは食べるによいものだ」と考えているようだ．たとえば，フランスでは1人あたりの年間馬肉消費量はおよそ1.8 kgであり，これは米国人1人の年間マトン，ラム，子牛などの消費量より多い．わが国でも，古い馬産地である信州では伝統的に馬肉が好まれ，長野市内には馬肉専門料理店がけっこうある．また，九州はわが国最大の馬肉生産地で，熊本で肉といえばウマをさすともいう．戦前の秋田でも同じ傾向があったと聞いている．

人類の最初のウマ利用は食用であったことは，第1章で述べたとおりである．おそらく家畜化されてからしばらくは，肉利用も大きな飼育目的であったろう．ウマは肉用畜としてウシやブタ，ヒツジ，ニワトリほど効率的ではないかもしれない．しかし，だからといって忌避する理由にはならない．消化機能のところで概説したように，飼料としての草の質が劣悪な場合，ウマのほうが反芻家畜より効率的に生産を維持できる場合があることもすでに述べた．騎馬民族はウマを食べないともいいきれない．確かにモンゴル族は馬肉食を嫌うという．ところが，学会などでお会いするモンゴル人の研究者と話していると，馬肉はたいへんおいしいと明言する方が多い．モンゴル人はウマとともに生きているので，「馬肉は食べないのでは？」と聞くと「自分のウマは食べない」とのことだった．同じ中央アジアの騎馬民族であるカザフ族では，馬肉食はごちそうの部類だ．また，北東アジアの半遊牧民であるツングース族は，馬肉生産のためのウマ飼養を行っている（高倉 1999）．

では，なぜアングロサクソンはウマを食べないのだろう．動物学者のモリス博士と生態人類学者のハリス博士が，それぞれの著書でこの問題をわざわざ1章をさいて論考している（モリス 1989; ハリス 1994）．彼らの論議では，宗教的な問題が1つの要因としてあげられている．第1章で述べたように，旧約聖書では「蹄の割れていないもの，反芻をしないものを食べてはいけない」ことになっているが，それではフランスやベルギーの馬肉食が説明できない．彼らは，キリスト教が入ってくる以前のヨーロッパの土俗信仰では，馬肉食が普通であったことをあげている．馬肉食は土俗信仰のシンボルだった．ヨーロッパ北西部に進入したキリスト教徒は，こうした土俗信仰を打ち壊しながら布教していったが，とくに英国島嶼を中心とするヨーロッパの先住民族であったケルト人は，反キリスト教徒勢力のなかでももっとも強力であり，また，彼らは馬肉に霊的な力を認めていた．そこで，英国ではことのほか強力に馬肉食禁止が推し進められたというものである．

中世を通じてウマは貴重な家畜だったのも，要因の1つであったろうと彼らは考えている．英国では飼育されるウマの頭数が圧倒的に少なかった．1086年に英国3州で行われた封建領地の調査では，1農家あたりの家畜飼養頭数はヒツジ11，ブタ3，ヤギ0.9，ウシは0.8頭であったのに対して，ウマはわずか0.2頭となっている（ハリス1994）．数が少なく，三圃制農法を支える大事な家畜を日常的に食べるわけにはいかないだろう．草原というウマの飼料が豊富な生活空間で140 cm以下のポニーを飼養する中央アジアの騎馬民族に対して，畑作が主体でヒトとウマが穀類を競合する中近東やヨーロッパの人々が多数の重種馬を日常的に飼養するのは大きな支出を伴うものだった．騎馬民族の襲来を迎え撃つ重武装の兵士を乗せる大型のウマの飼養は，栄養収量が高いマメ科牧草であるアルファルファが栽培されてはじめて可能となったといわれる（マクニール2014）．ヨーロッパ西部での三圃制は，馬糧としてのアルファルファやえん麦栽培を日常的に生産することにより，動力として，また兵器としての重種馬飼養を可能にした．こうして手間と経費をかけたウマは食べるには高すぎたのだろう．

また，中世を通じて北東からのイスラム教徒および東方からのユーラシア騎馬民族と対抗するために，ウマは貴重な兵器であった．ウマをもつのは貴族や王侯の義務であり，特権であったのだろう．こうしてウマのシンボライズは，英国において顕著に発展し，「食べてはいけないもの」の仲間入りをしたのであろう．

産業革命の発祥の地である英国，およびモータリゼーションが典型的なかたちで急速に進行した米国では，使役家畜としてのウマの役割は，ほかの国々よりいっそう早く終わったのかもしれない．ただし，ウマはそれぞれの社会の構成要素として，深く人々のなかに入り込んでおり，社会から駆逐されることなく，ごく自然に伴侶動物への道を歩き始めていた可能性がある．こうした伴侶動物，ペットを食べることがタブーになりつつあることは，すでに述べたとおりである．上記両博士とも，この点も指摘している．

馬肉のおいしさは，1つにはその甘みがある．表4-5に馬肉とほかの家畜肉の成分含量を示したが，馬肉は糖質含量がきわだって高い値を占めている．また，可食部100 g中のグリコーゲンの量はウマが2290 mgである

表 4-5 主要畜肉の成分（可食部 100 g 中の生重量 g）
（三訂日本食品標準成分表; 植竹 1984）

	水分	タンパク質	脂肪	糖質
ウマ	73.6	20.5	3.7	1.0
ウシ（モモ）	71.6	21.0	6.1	0.3
ウシ（霜降り）	45.9	12.4	41.0	0.2
ブタ（モモ）	59.2	16.7	22.9	0.2
ブタ（ロース）	52.5	14.1	32.5	0.1
ヒツジ	74.4	16.4	8.0	trace
ニワトリ	72.8	21.0	5.0	teace

のに対して，ウシが 674 mg，ブタは 432 mg である．われわれ日本人が好む馬肉の食べ方として馬刺があるが，馬肉そのもののもつ甘みを大きく評価して発達した食べ方なのかもしれない．馬肉を生で食するフランスのタルタルステーキも同様であろう．なお，ウマの筋肉では，コラーゲンからなる肉基質割合がブタやウシなどより高い．その結果，加熱するとこの成分が大きく縮み，硬くなってしまう．こうした性質から，馬肉はステーキには向かないといわれる（植竹 1984）．

わが国で毎年屠殺され肉用となるウマの数は，1998 年の農水省の統計ではおよそ 2 万頭あまりであったが，2015 年には 1 万 2446 頭（約 5000 トン）となっている．これらのうち，おおよそ半分がブルトン種，ペルシュロン種，ベルジャン種などの大型の重種馬で占められ，残りが廃用の軽種馬となっている．これらはすべてが国内産馬ではない．1980 年代の終わりに米国から 1300 頭が生体で輸入され，1998 年には約 2000 頭が肉用として輸入され，2015 年には 7717 トンが輸入されている．内訳として，カナダが 3000 トン，中国からは 2300 トンあまりである．

これら屠殺の場所は熊本，青森，福島で全国のおよそ 77% を占めており，また，ウマの肥育生産は熊本・福島・青森で全国の約 80% を占めている．これらの肥育施設では，3–8 歳馬（近年は 3–5 歳が多い）を 1 日 1 kg の増体を目標に 3–6 カ月程度肥育し，重種馬では 800–1000 kg に仕上げている．しかし，肥育といっても，粗飼料で飼養されていた肥育素馬を濃厚飼料多給で飼いなおしといった程度のもので，今後の技術改善の余地が大きいといわれている．

すでに述べたように，フランスでは肉馬生産が比較的さかんであり，国

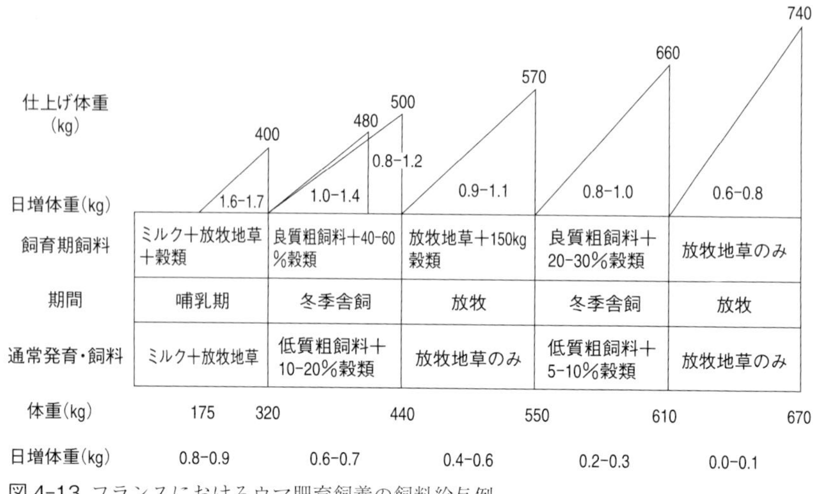

図 4-13 フランスにおけるウマ肥育飼養の飼料給与例
(Micol and Martin-Rosset 1995)

立農業研究機関であるINRAでも，肥育に関する研究が行われている．図4-13に，1995年フランス・クレモンフェランで開催された世界草食家畜栄養学会で発表された，重種雄ウマの肥育飼養の飼料給与例と増体成績の例を示した（Micol and Martin-Rosset 1995）．なお，この肥育方式の雄ウマは18カ月齢で去勢されている．この例では，6-7カ月齢で離乳された後，品種によって異なる仕上げ体重を目標に肥育される．日増体重は，遺伝的な限界値に近い1.0-1.4 kgを想定している．6-12カ月齢で400-500 kgに仕上げる場合は，飼料としては良質粗飼料に穀類40-60%を混ぜたものを自由摂取させる．この場合，枝肉として270-310 kgになるとしている．放牧で肥育する場合は，図のように一夏放牧型と二夏放牧型を想定し，前者では18カ月齢550-580 kg，後者では30カ月齢740 kgが目標である．一夏放牧後，舎飼で肥育する場合は，穀類20-30%を混ぜた良質粗飼料を自由摂取とし，22-24カ月齢で620-670 kgに仕上げる．こうしたパターンは，放牧による肉用牛の育成・肥育方式と近似していて興味深い（小竹森ほか 1993, 1996）．

4.4 ウマの毛色

ここで，ウマの毛色についてふれておこう．サラブレッド種の毛色が競馬の普及でもっともよく知られている．全身が栗色の栗毛（図 4-14），やや暗い栗毛である栃栗毛，栗毛色を基本にして四肢の先端，鼻先，たてがみ，尾房が黒い鹿毛がある（図 4-15）．また，真っ黒な毛色を青毛とよぶが，少しでも栗色の毛がみられれば青鹿毛となり，もう少し栗毛の部分がめだつ青鹿毛は黒鹿毛という（図 4-16）．これは遺伝子型が明らかで，ヘテロの鹿毛からあらゆる毛色が生まれうる．これとは別に芦毛という毛色がある（図 4-17）．上記の毛色に重なって現れる白色の毛色で，年齢を経るに従い白色が増えてくる例もあり，子馬の時代はなんともいえない毛色にみえることがある．さらに，黒色にみえる芦毛もある．この遺伝子はホモのみならずヘテロでも表出することから，芦毛の個体はまちがいなく両親のどちらか，もしくは両方が芦毛である．

中世の宮中の行事の１つに，「白馬の節会」と書いて「あおうまのせちえ」と読む祭事があった．陰暦正月７日に，左右馬寮から引き出される白馬を天皇がご覧になる行事である．「白馬」と書いてなぜ「あおうま」と読むのか不思議で，古典を習う高校生を伝統的に悩ませている．若い芦毛のウマに黒色はめずらしくないことから，黒色は青毛であり，本来は白い色のウマであるが，黒が出てくるので「あおうま」とよんだという解釈も，遺伝学的には成り立つかもしれない．実際は，この行事は中国から伝わったもので，もとは黒色の青馬を使用していたが，本朝では黒は縁起が悪いと嫌われ，白馬を使うようになった．しかし，呼称だけは「あおうま」が残ったとされている（『広辞苑［第五版］』）．なお，サラブレッド種には，芦毛のほかに白毛も存在し，競走馬登録した例もある．

アジア在来馬には，こうしたサラブレッド種以外の毛色が存在する．たとえば，和種馬で，みた目が白いウマは芦毛のほかに，河原毛（図 4-18），月毛（図 4-19），佐目毛（図 4-20，図 4-21）などがある．河原毛は，英語ではマウスダンもしくはイエローダンとよばれるものがそれに近く，四肢の先端，鼻先，たてがみ，尾房が黒いだけでほかは白い．月毛は英語のパロミノに近いといわれているが，毛色は黄金色からごく白いものまで変異

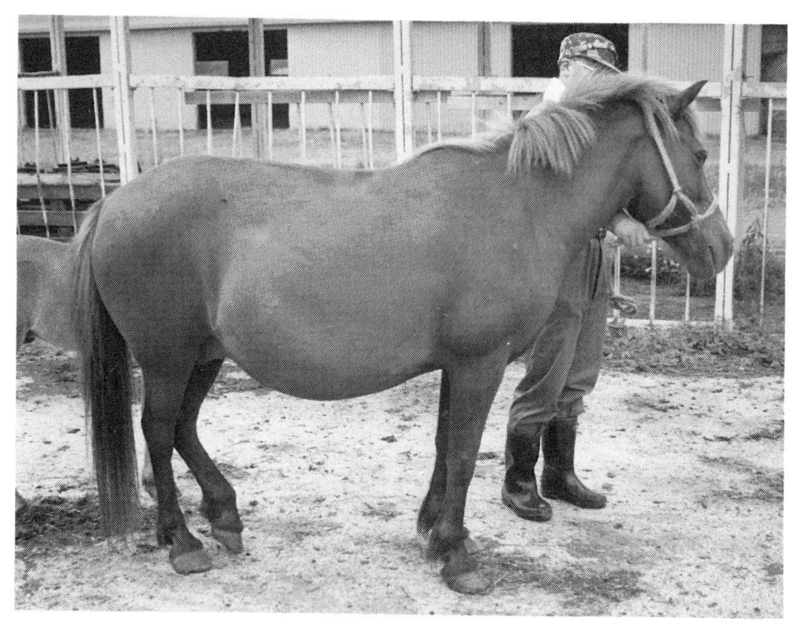

図 4-14 栗毛

図 4-15 鹿毛

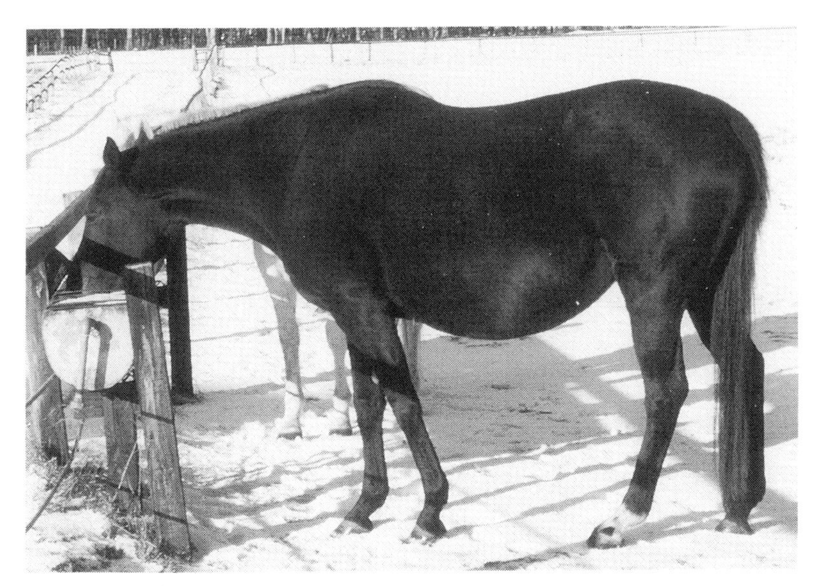

図 4-16 黒鹿毛

図 4-17 芦毛（北海道芽室町・施丸氏所有アラブ種）

図 4-18 河原毛

図 4-19 月毛

図 4-20 佐目毛

図 4-21 佐目毛の顔面
目が青く鼻先，唇がピンク色をしている．

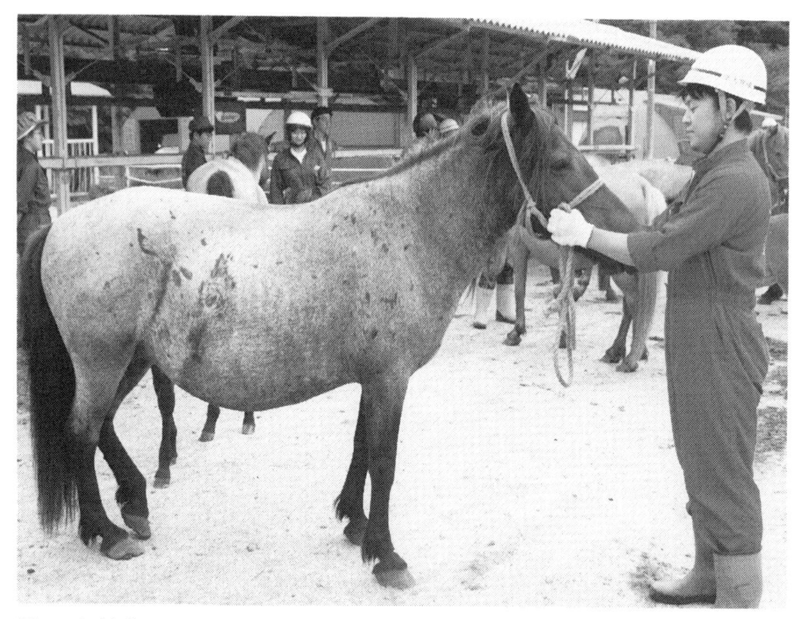

図 4-22 粕毛
本来の鹿毛の上に粕毛がかかり，白くみえる．

が大きい．月毛は，パロミノのほかにイザベラともいう．もっともイザベラとパロミノは異なるとされている．佐目毛は，象牙のようにきれいな白色，目が青く独特でこの目を佐目と称する．クリメロと称される毛色がこれにあたるといわれている．

これにつけ加えて，粕毛（かすげ）という毛色がある．英語ではローンとよんでいる．上記の基本毛色の上に重なって白髪のように現れる毛色で，季節的に変化する．粕毛が全身を覆う時期には，本来の毛色がどうであろうと真っ白なウマにみえる（図 4-22）．おもしろいことに，粕毛はホモで致死遺伝子であることになっているが（ワゴナー 1982），和種馬ではそうなっていない確率が高いらしい．この方面の研究はまだ十分ではなく，名称やこうしたことも含めて，アジア系の在来馬の毛色の遺伝的な背景など明らかになっていない部分も多い．

こうした1枚毛のほかに斑毛（ぶちげ）も江戸末期に葛飾北斎によって描かれた北斎漫画や，桃山時代に長谷川信春によって描かれた牧馬図屏風に現れている．ただし，もっとも騎馬による闘いがいくさの主体であった平安から鎌倉にかけての絵巻物などをみると，斑毛に乗っている武者はみあたらない．わが国の昔の絵画のこうした斑毛は，驚くべきことに絵の具で馬体に描いたものであるという（近藤・寺岡 2015）．遺伝的には在来馬は斑毛どころか流星などの遺伝子をもっていないことになっている．斑毛は品種としては，北米インディアンが育種したウマ「アパルーサ」や「ピント」が有名である．北米の山野での闘いには迷彩模様としてカモフラージュによかったのだろう．

4.5 品種の整理と役割

家畜馬の品種は 200 を超えるという．品種とは生物学的な亜種ではなく，ヒトの使用目的から人為的につくられたある種の特性をもつ家畜集団で，世代を重ねてもその整一性を維持できるものである．ただし，ウマでは独特の分類法があり，それがウマの品種分類を混乱させている．

たとえば，温血種と冷血種という分け方である．温血種とはアラブ種とサラブレッド種をさし，反応がすばやく瞬発力があることと関連するらしい．一方，冷血種には穏和で頑固で落ちついた性格のがっちりした体格をもつ輓馬が含まれる．北方の冷涼な地帯で発達した品種で，厳しい冬を耐えるのに適しているために，冷血種とよばれるにいたったという．血液の温度はどんなウマでも 37–38℃ であり，温血種が温かい血をもち，冷血種の血液温が低いというわけではけっしてない．これら 2 種類をかけ合わせたアングロノルマン種などを半血種と呼称する．雑種ということになるが，ウマではこうして純系どうしをかけ合わせた雑種をアングロアラブ種やアングロノルマン種などといい，品種として扱う．

東洋馬，西洋馬という言い方もある．ヨーロッパからみて相対的に西側原産のウマを西洋馬，東側のそれを東洋馬というらしい．中近東で育種されたアラブ種を改良し，英国で成立した品種であるサラブレッド種はどちらになるのか，普通に考えると判断できなくなる．

在来馬という分類項目がある．それぞれの地域で社会のリクエストに応じて発達してきた個体群であり，明確な品種改良の目的にそってつくりあげられたものとはいいがたいカテゴリーのものをさす．ところが，歴史的に明確な目的意識をもち，成績と繁殖が厳しく管理されて成立したウマの品種は，極言すればサラブレッド種だけなので，アラブ種も含めほかはすべて在来種ということになってしまう．

名古屋大学農学部家畜育種学講座の教授であった故近藤博士は，品種という概念自体がヨーロッパ主体の考え方であり，アジアを含む凡世界的には通じにくい面があることを指摘しながらも，ウマの品種をその成立の過程から以下の4タイプに分けてみている（近藤，私信）．

（1）アラブ種的品種成立

古くからの民族的，地方的習慣の上に成立し，ヨーロッパ思想に認められて，品種となる．わが国の木曽馬などは，こうした範疇として認めうるかもしれないが，時代とともにその有用性を失いつつある．

（2）サラブレッド種的品種成立

「競走に勝つ」という育種目標に対して，素材を選択的に収集し，世代ごとの目的に対する淘汰選抜を行い繁殖構造を限定する，いわゆるクローズドメイティングシステム（closed mating system）をとるという理論性をもつ品種成立．能力検定と登録により，19世紀末に成立したアメリカントロッターなどがこの範疇に入る．

（3）アングロアラブ種的品種成立

サラブレッド種の体格資質とアラブ種の強健性・持久力を兼ね備えた乗用馬を作出する目的でつくられた交雑種．たとえば，わが国のアングロアラブ種競走馬のように，アラブ種の血量が25％以上とするなど範囲が定まっているが，固定化はとらない．

（4）アングロノルマン種的品種成立

18-19世紀にかけて，使役上の要求からノルマン馬にサラブレッド種を交配して成立した品種で，輓用，乗用，農用，速歩競走用など4タイプをもつ．用途によって異なるものを含んでいる．

さて，ここでは以上の事柄をふまえながら，品種分類の基礎になった考え方を示すとともに，それぞれの代表的な品種をいくつか紹介しよう．なお，ウマの品種についてはきれいな図版を含む著書も多く，各品種の詳細はそちらを参考にされたい．最近の日本語の書物では，『アルティメイテッドブック 馬』（エドワーズ 1995）が優れている．ただ，この本も含めて，どの書物もヨーロッパ系が主体であり，アジア系のウマの品種についてふれることが少ないのは残念である．

体重・体格による分類

（1）重種と軽種

おもに英語圏で使用される分類法で，体重や体格で比較的大きいものとやや小さく軽いウマに分ける分類法．じつは国によっていくらかくいちがいがあるらしい．重種として代表的なウマは，英国原産のシャイアー種やクライスデール種，フランス原産のペルシュロン種やブルトン種，ベルギー原産のベルジャン種があげられる．いずれのウマも雄大な体軀をもち，力強い．輓曳用に発達してきた品種である（図 4-23）．そういう点で現代社会のなかでは実質的な居場所がない品種であるが，それぞれの地域の生きた伝統として残されている．わが国では北海道で輓馬レースが開催されており，こうした重種を高価格で輸入することで，ヨーロッパで有名になってしまった．また，肉量の多さから馬肉生産への貢献度は高い．

軽種としてはサラブレッド種やアラブ種，クオータホース種があげられる．軽種といっても競走用のサラブレッド種は 600 kg にもなる．

（2）普通馬とポニー

英語ではホース（horse）とポニー（pony）となる．ポニーとは小さなウマのことだが，1889 年に体高 148 cm 以下のウマをポニーとよぶことに決めている．代表的なポニーとしてシェトランドポニー（図 4-24）やコネマラがあるが，愛玩用として作出されたファラベラポニーやミニホースといった，大きなイヌ程度の品種もある．上記の定義に従えば，わが国の在来馬をはじめ，中央アジアの遊牧民の乗用馬はポニーとなるし，また，乗用馬として名高い品種のいくつかはポニーとなってしまう．なお，米国

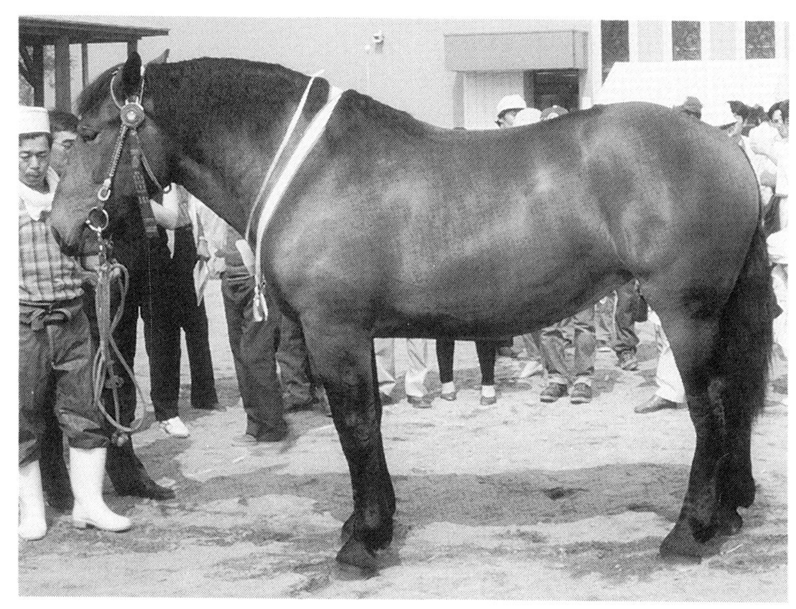

図 4-23 1998 年度北海道全道共進会で入賞した重種半血馬

図 4-24 シェトランドポニー種（旭川・桝沢氏所有馬）

では乗用馬を漠然とポニーとよぶ習慣がある．有名なカントリーウエスタンの曲に「ライフルと愛馬」といった和名の曲があったように記憶するが，原題はポニーという用語を使っていた．

歩法と品種

生まれつき独特の歩法を示す個体群を品種としたもので，フランスのフレンチトロッターやオルロフトロッターなど，トロッター種が代表的な品種である．これらの品種のウマは非常にきれいな安定したトロットで走り，またかなりの高速を出す．乗用時にも容易に駈歩には移らない．米国で生まれたテネシーウオーキングホースは，独特の優美な歩様で知られている．ミズーリフォックストロッターや南米のペルビアンパソなども独特の歩法で名高い．やはり米国で成立したスタンダードブレッドは，1 マイルを速歩で走るスピードを基準とした品種で，その点でこれも歩き方により分類した品種といえる．

毛色と結びついた品種

毛色で分けられた品種は多い．毛色で分けられたわけではないが，用途から品種が発展する間に毛色が固定してしまったものに，クリーブランドベイ種（図 4-25）やリピッツァー種（図 4-26）があげられる．前者は英国で成立した馬車引き専門のウマで，すべてが鹿毛（ベイ bay）である．わが国では皇室の馬車を引く目的で，宮内庁の御料牧場で飼育されている．後者は，オーストリアにある高等馬術を披露するスペイン乗馬学校のウマとして名高い．このウマはまたすべて芦毛である．

アメリカ先住民であるインディアンが半野生馬であったムスタングを飼い慣らしていったなかで，独特の毛色をもつ品種が成立している．側対歩に関する箇所でも述べたが，北米の半野生馬ムスタングは，中央アジアのステップに源をもつウマを祖先とし，北アフリカを経てムーア人とともにイベリアにいたり，スペイン人により北米にもたらされたものだという（Dobie 2015）．さまざまな毛色もこうした遠い祖先がもたらしたものだろう．「4.4 ウマの毛色」の節で述べたアパルーサ，ピントなどである．いずれも独特の斑毛が特徴である．また，和種馬の月毛に対応する毛色をも

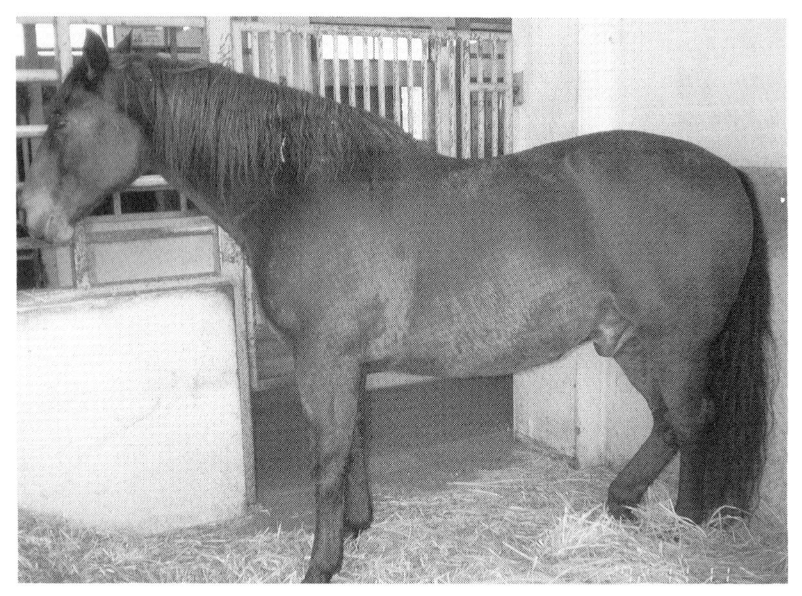

図 4-25 クリーブランドベイ種（宮内庁御料牧場所有馬）

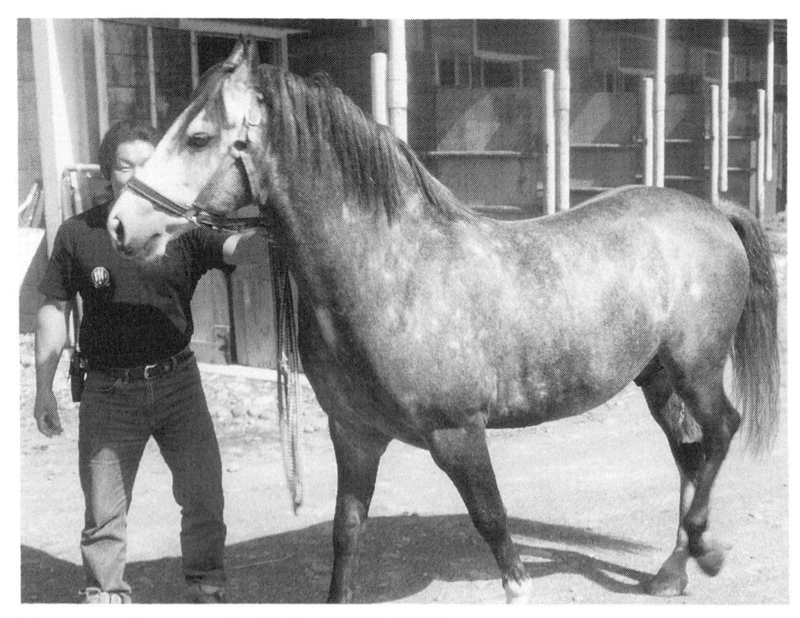

図 4-26 リピッツァー種（旭川・桝沢氏所有馬）

つウマとして，先にもふれた米国のパロミノとよばれる品種がある．輝くような黄金色もしくは白黄色である．なお，こうした米国産の品種は，米国以外では品種として認められていない．

フランスの地中海沿いのカマルグ地方の沼沢地にすむ半野生馬カマルグ馬は，芦毛の集団として名高い．この地方の人々は，フランス版カウボーイ，ガルディアンとして，この芦毛のウマに乗りカマルグ牛を追っている．

地名にもとづく品種

これは非常に多い．アラブ種も本来は地名であるし，クリーブランドベイ，カマルグ馬，テネシーウオーキングホース，ミズーリフォックストロッターなども地名が入っている．モンゴル馬をはじめ，東アジアのウマの品種は大半が地名でよばれる．チベット馬，三河馬などである．ドイツのハノーバーやホルスタイン，デンマークのヘレデリスクボルグ，オランダのヘルデルラントなども地名がそのまま品種名となっている．

以上のほか，用途に結びついた分類が存在するので，さらに事態はややこしくなる．たとえば，ハンターは本来英国の狩猟用馬であるが，とくに品種というわけではない．また，フランスでは1958年以来，乗用の混血種はすべてセルフランセとした．従来はアングロノルマンなどと呼称されていた品種のうちの乗用タイプは，ここに含まれてしまう．セルとは本来，フランス語でクラのことである．

また，コブということばのつく種類がある．コブは軽い馬車を引くウマのことで，ノルマンコブが品種として存在し，そのほかにこうした軽馬車の輓曳や乗用に使うウマを英国ではコブとよんでいる．ポロに使用するポロポニーも品種ではない．近年ではアルゼンチンで，クリオージョから作出したポロポニーが名高い．なお，2001年に現地アルゼンチンでブエノスアイレス大学の内海教授から聞いたところ，現在ポロに使用するウマは，その速度からサラブレッド種が大半を占めるという（近藤，私信）．

わが国では，第2次世界大戦前まで馬政局長官通牒により，ウマの種類呼称は「軽種」「中間種」「重種」および「在来馬」の4つに分類されていた．現在もこうした分類が使われることが多い．現在はこのうち軽種にサラブレッド種，アラブ種，アングロアラブ種，アラブ系，サラブレッド系をあてている．重種はおおむね既述の品種のものがこれにあたる．現在の農水省の分類では，これらは農用馬とされる．実際に農作業に使用する重種馬はほとんどいないだろう．なお，古い世代の農家の方々によれば，現在の輓曳競馬に使われる重種は大きすぎ，農作業には不向きだろうという．当時，北海道で重宝された重種は，北海道釧路の神八三郎氏がペルシュロン種に北海道和種馬などを何度か交配して，1932 年に農水省に改良国産馬の品種として認められた「釧路ペル」など小格重輓馬であった．

中間種は混血種で，半血馬ともよばれることが多い．在来馬は現在，北海道和種馬，木曽馬，対州馬，野間馬，御崎馬，トカラ馬，宮古馬，与那国馬の 8 種が認知されている．この 8 種も品種とされているが，基本的に同じ遺伝子群をもつ個体群であろう．現在，その頭数は 2000 頭弱で，約 1200 頭を北海道和種馬が占めている．

第5章 これからのウマ学

5.1 21世紀におけるウマの居場所

ハクスリーがふざけて書いたようなエオヒップスとエオホモとの出会いはなかったにしろ，ヒトは二足歩行を始めて以来，さまざまなかたちでウマとつきあってきた．およそ紀元前2万5000年に南フランスのソリュトレ付近のソーヌ川とローヌ川の合流地点の断崖の下では，われわれの祖先がたくみな追跡術で1万年以上もの間ウマを狩り続け，肉を得ていた．

こうした狩るもの-狩られるものの関係は永らく続いたが，およそ紀元前4000-3000年に西アジアのどこかでウマに頭絡がかけられ，たんに食料として利用されるのみではなく，使役家畜としてヒトと暮らし始めた．以後，ウマの人類への貢献は計り知れない．つい近年までウマは世界各地でそれぞれの文化を支え，ときとしては古代文明の形成に，さらには国家の構築に多大な貢献をしてきた．

もし家畜馬が戦車を引いたり多数の戦士を上に乗せて高速で移動したりしなかったら，アレキサンダー大王の帝国も古代中国の秦も漢も，あの規模では成立しなかっただろう．ウマによる商品や情報の迅速な輸送により，中世のアラブ・ペルシャ世界を中心としたイスラム商業ネットワークは存続し，ジンギスカン率いる騎馬軍団は空前絶後の汎ユーラシア国家群をつくった．家畜馬の強い牽引力が中世の荒涼たる中西部・北部ヨーロッパの飢餓の大地を一大農作地帯へ変え，また近代の商業・工業の発展を支え，近代ヨーロッパ人を世界へ飛躍させた．

19世紀以降，ヨーロッパおよび北米社会における蒸気エンジンとそれに続くガソリン機関など内燃機関の急速な発展は，ウマによる移動・輸送・駆動の役割を終わらせた．第1次世界大戦とそれに続くいくつかの局地戦が，おそらくウマが大規模にかつ主体的に使われた最後の戦争であったろう．

ウマを戦争に使い始めて以来，武装した騎馬部隊の突撃を止められるものはなかったといってよい．大砲や鉄砲が使用されるようになった16世紀の末でさえ，スウェーデンのグスタフ・アドルフ王は大砲や小銃部隊を編成しなおし，最終的に騎兵の突撃で勝敗を決する効果的な軍団編成をつくりだし，以後ヨーロッパ各国はこれを見習った（金子2013）．こうした方式は第1次世界大戦まで続くが，ドイツとフランスの塹壕戦では，騎兵の突撃はまったく出番がなかった（エリス2008）．第2次世界大戦初期に，ポーランドへ電撃侵攻したドイツ機甲部隊と，誇り高いポーランド貴族からなる勇猛な騎兵部隊の戦闘があった．これは1939年10月のことで，この戦闘により闘いの趨勢をウマによる突撃が決めた戦争は幕を閉じた．ポーランド貴族の華麗な騎馬部隊は，無謀にもナチスドイツの戦車・装甲車隊列に向かって突撃し，機関銃の弾幕のなかに消滅した．おそらくこれが，歴史的には騎馬部隊の組織的な突撃のフィナーレであったのだろう．

もっとも，ウマが輸送や移動に果たした役割を蒸気機関車や自動車に譲り渡すのは，地域的にも，また仕事のカテゴリーにおいても，時間的に大きな差がある．米国ハリウッド製の西部劇映画でおなじみの，ウシの大群を何百マイルも追っていく仕事はロングドライブとよばれ，そこで働くカウボーイたちの物語は，アメリカ人のふるさと願望の心象風景として根強く染みついている．しかし，こうしたロングドライブは1866年から1885年の約20年間の歴史しかもっていない（鶴谷1989）．1890年には，ロングドライブのスタート地点であったテキサス州には，鉄道網が網の目のように張りめぐらされ，テキサス内の牧場から東部の消費地へ鉄道による産地直送ができたからである．これ以後のカウボーイの仕事は，果てしなく続く牧柵を1人で保守点検しながら歩く，孤独な「ラインライダー」とよばれるごく地味な仕事となり，ハリウッド映画の西部劇でみられるような夢と冒険に満ちた世界とはほど遠いものとなった．

一方，20世紀に入ってもアジア内陸部では，大都市を除いて移動・輸送はやはりウマが主体であった．1900年に起きた義和団事件の際に，欧米列強とともに日本も北京に軍隊を送っている．このとき，欧米の観戦武官のみる前で，わが国の軍隊のウマは満足に行進もできず，前述のように

「ウマの格好をした猛獣」と酷評されたエピソードは有名であるが（武市 1999），このエピソードは20世紀初頭には，少なくとも中国北部で軍隊を移動させるにはウマが主体であったことを示している．おそらく世界的にも，軍隊でウマが活躍したのは，上述のように第1次世界大戦までであったのだろう．第1次世界大戦初期における欧州各国のウマの動員数は，フランスが95万5000頭，英国は20万4000頭，ドイツが123万6000頭であり，さらに大戦中のウマの損耗率は，フランスが55%，英国が57%，ドイツは62%，ロシアは戦前のウマ保有数3000万頭のうち1000万頭を失ったといわれている（武市 1999）．

第1次世界大戦ではヨーロッパの一般社会からウマが激減した．これは，じつは鉄道の発展と戦争によるものである．鉄道の普及は，当時からヨーロッパで一般的になった徴兵制度（国民皆兵制度）とともに，古代国家以来すべての成人男子を兵士として戦場に鉄道輸送することができるようにした（マクニール 2014）．しかし，終点の駅前が戦場であるわけではなく，そこから莫大な量のヒトと兵器・食料などの物資を戦場に輸送しなければならず，それには馬車が使われ，国中のウマが動員された．この結果，ヨーロッパ各地の農場では男手とウマが慢性的に不足し，これがトラクターの普及を振興したと考えられている（藤原 2017）．家畜としての軍馬の大きな特徴は消耗が激しく，また再生産が望めないことだ．1000頭の軍馬は戦場で死ねば補充して維持しなければならないが，1000頭の農場のウマは半分が雌とすれば，理論的には翌年500頭増えるだろう．トラクターが農村に入るうえでの大きな反対の1つが「トラクターは子を産まない」であったという（藤原 2017）．なお，この大戦末期には，すでに戦車と飛行機が登場している．

第2次世界大戦においては，わが国の軍隊でもすでに輜重（しちょう）部隊は実質的にはウマ部隊ではなく，トラック部隊であった．わが国の戦前のウマの飼養頭数は150万頭ともいわれている．統計によれば，1935年のわが国のウマの頭数はおよそ140万頭と，現在の飼養頭数10万頭弱の14倍であった．その後のわが国の馬の頭数は，1955年ころは100万頭前後，1965年までの10年間で32万頭と約3分の1，ついで4年後の1969年には14万頭と半分以下になっている．さらに，その3年後の1972年に10万頭を切るという著しい凋落を示す.

日本中央競馬会競走馬総合研究所の楠瀬博士は,この時点のわが国のウマの頭数について,以下のように表現している.「ウマが1頭1馬力だとすると,10万頭を切る飼養頭数は,わが国の馬力が10万馬力以下であることを示し,これは漫画の“10万馬力の鉄腕アトム”に劣る」と.なお,これらの数字によると,わが国においては,およそ45年前までは約100万頭前後のウマが飼われていたことになり,1960年ころまで地域的にはかなりウマが活躍していたことがうかがえる.

横浜の「馬の博物館」の木村李花子博士(現東京農業大学教授)は,以上のようなウマとヒトとのかかわりを歴史的に3期に分けて論じている(木村 1999).すなわち,ウマが家畜とされる以前の狩猟対象として存在していた数万年を第1期,ついで紀元前4000-3000年に家畜化されて以後,20世紀にいたるまでの使役動物として世界各地で活躍した5000-6000年を第2期としている.これらをふまえたうえで,木村博士は第3期として,コンパニオンアニマルとして,さらにセラピーアニマルとして,ヒトとのふれあいをおもな仕事とする時代を設定した(木村 1999).現在はウマにとってまさにこの第3期に入っており,ここでヒトはウマとの新たな関係を構築しつつあるとするものである.

さらに木村博士は,この第2期から第3期への移行は,地域によって大きな差があるのではないかと示唆している(木村 1999).19世紀以降,急激に工業化が進行した西部・北部ヨーロッパや北米では,じつはその一方で,ごく自然にウマとヒトとの関係の第3期に入っていたのではないかという.その結果,従来の使役動物としてのウマの役割の終焉と,第3期の「ふれあい」としてのウマの役割が,当初はごく自然に重なり合い,その後第2期の使役家畜としてのウマの役割が小さくなるに従い,置き換えられたのであろう.したがって,こうした地域では,いまだにウマが社会のなかにごく普通に存在し,また不可欠なものとして位置づけられているのではないだろうか.第4章で示した表4-1の世界のウマの頭数は,この間の状況を反映しているものだろう.欧米を中心として,ウマの総頭数はこの20年間,さほど大きな変化はなく,全体で変動率2.5%程度で上下している.

ところで，わが国では19世紀中ごろの開国まで，馬車などウマによる物品の大量移動は行われていなかった．また，およそ300年の江戸時代という平和な年月は，近代戦における「軍馬」としてのウマの資質・ヒトの取り扱い技術の双方を衰退させた．それ以後，昭和20年代までの90年の間に，急激なウマの使役の増大が起こり，一方では，急激な外燃機関および内燃機関駆動車の発達が，使役家畜としてのウマを駆逐した．こうしたことから，わが国においてはウマの役割が第3期を穏やかに迎えることなく，第2期は急速に終焉してしまったのであろう．

この20年間のわが国のウマの頭数も，世界の動向と同様に大きな変動はみられないが，欧米や中南米などとわが国では，馬種の構成が大きく異なっていることに留意してほしい．およそ15万頭のウマを保有している英国で，競走用のサラブレッド種が占める割合は5万頭程度と3割ほどであり，600万頭保有する米国では，サラブレッド種はせいぜい2割程度と見積もられている．一方，わが国では9万頭のうち，約70%が競走用の軽種馬である．わが国のウマの頭数の維持は，競馬によって支えられているといえる．

いずれにせよ，急速に第2期の終焉を迎えたわが国におけるウマとヒトとの関係は，いま新たに構築しなければならないだろう．おそらく，19世紀までみられたような，ウマが移動や輸送などの駆動力の主体として活躍する時代には戻ることがないであろう．そこで，わが国では第3期のヒトとウマの関係を模索し，現在の社会のなかに位置づけていかねばならない．

この章では，第3期のヒトとウマの関係として，「競走馬」「乗用馬」および「使役馬」の現在とその課題，将来について検討しよう．

5.2 より速いウマをめざして――競走馬の世界

ウマに乗ってスピードを競い合うゲームは，おそらくヒトがウマに乗り始めたころからあったものだろう．現在でも賭を伴わないゲームや祭礼，儀式なども含めると，世界中ウマのいるところには，いわゆる競馬はあるものと思われる．一方，ギャンブルを伴う近代競馬は，英国から始まったといっても過言ではない．こうした近代競馬は本家の英国をはじめ，フランスなどヨーロッパ各地，米国と南北両アメリカ，中国，韓国，インド，東南アジア，そしてわが国でもさかんに行われている．わが国を例にとると，満2歳の新馬戦，国民的な話題となる同3歳のダービー，そして同4歳以上の古馬のレースまで，さまざまな競馬が800 mから4000 m程度まで，これもまたさまざまな距離で行われている．こうした競馬については，馬券の買い方から競走馬のエピソードまで，じつに多様な書物が書店に専門コーナーができるほど出版されており，枚挙にいとまがないほどである．本書では，こうした競馬そのものについてはそれらの書物に任せ，競走馬生産上の畜産学的もしくは動物学的な問題点についてふれよう．

わが国の競馬は，中央競馬会が主催する中央競馬とそれぞれの自治体が主催する地方競馬の2つがある．中央競馬はやや伸び悩みとはいうものの，その年間売上高はじつに莫大で，その額はわが国の国家予算の3-4%ほどに相当したこともあった．一方，地方競馬界は競輪・競艇とともにバブル崩壊後低迷を続けており，その点では，軽種馬生産はけっして明るい見通しばかりではない．ただし，最近ではネットで馬券が購入できるようになった結果，地方競馬の人気が復活し，各自治体とも収支は赤字を挽回して黒字となっているようだ．

軽種馬，とくにサラブレッド種の世界は血統の世界であり，平場における競走のウマとしての資質，すなわちおよそ4000 mまでを全力で走るスピードは，遺伝により決定される部分が大きいといわれている．ブラッドスポーツと呼称されるゆえんである．それを裏づけるように，競走用サラブレッド種の世界の血統は厳重に管理され，約200年前から出版されているサラブレッドのスタッドブックは，クローズされてから久しい．

さて，近代畜産における家畜はすばらしい勢いでその生産を高めてきた．これには育種学と栄養学の果たした役割が大きい．きわめて簡略化していうと，ある家畜の個体の生産能力は以下の式によって決まる．

ある個体が発現した能力（表現型値）
＝遺伝的要因（遺伝子型値）＋環境要因

発現した能力とは育種学的には表現型値といい，乳牛における個体乳量であり，ブタにおける産肉性，産卵鶏における卵の生産量などである．遺伝的要因とは父と母から授かるもので，遺伝子型値ともいう．環境要因もしくは環境効果とは，気候や地形などの自然環境要因から飼料の質と量，飼養管理技術など，生まれたあと個体の生理・生産に影響するすべての要因である．家畜栄養学・飼育学はこれら環境要因にかかわる学問領域である．

左辺の個体が発現した能力のうち，遺伝的要因が占める割合を遺伝率，ヘリタビリティという．すなわち「遺伝子型値」/「表現型値」である．たくさんの実験を繰り返して，複雑な計算を経て求められる数字であるが，理論的にはヘリタビリティ＝1.0で，発現した能力のすべてが遺伝によって決まることを示し，ヘリタビリティ＝0で，すべてが環境によって決まることを示す．

身近な家畜のヘリタビリティを例としてあげると，乳牛の乳量のヘリタビリティが0.3程度であり，ブタの体長のヘリタビリティは0.5-0.6程度，産卵鶏の産卵数が0.0-0.4の間で，肉用鶏の8週齢体重では0.4-0.5である．ここにあげた家畜は，それぞれの生産分野で非常に高い生産成績を誇っているもので，長年育種改良が続けられ，それぞれの用途ごとに特化した家畜である．しかしながら，そのヘリタビリティは高くとも0.5程度である．逆に0.3程度のヘリタビリティをもつ資質であれば，十分に育種プログラムに乗って改良増殖できることを示唆している．

サラブレッド種はアラブ種をもとにこの300年間，おもに英国を中心に育種されてきた家畜で，4000 m程度までの距離における速度を競うウマとしてはたいへん完成度が高い，いわば近代育種のみごとな成功例である．その実態は，経験的に優れた資質をもつ雌雄を交配させるといった職人技術によって産み出されたものであるが，第4章で述べたように，サラブレッド種の作出は，①「競走に勝つ」という育種目標を設定し，②アラブ種ほか優秀な素材を選択的に収集し，③世代ごとに種畜を目的にそって淘汰選抜し，④さらに繁殖構造を限定するクローズドメイティングシステムを採用したという点で，まさに近代育種の根幹をなすものであったといっても過言ではない．

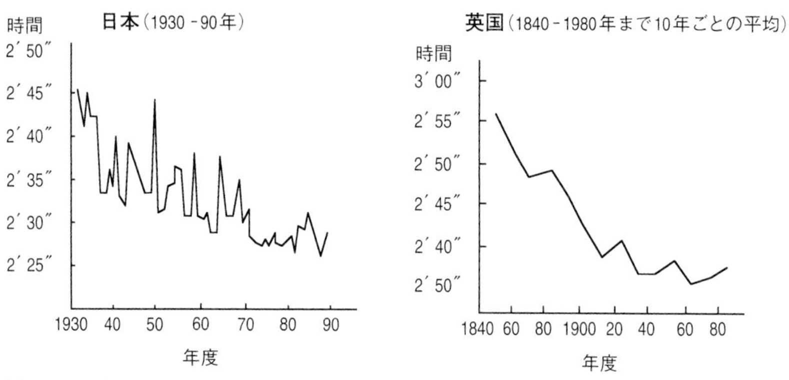

図 5-1 日本および英国におけるダービーの優勝タイムの年次変化（楠瀬 1990）

では，これらサラブレッド種の競走能力のヘリタビリティはどれくらいなのであろうか．このテーマは数十年前から何度か追究されており，何人かの研究者が走路を走らせたときの速度，レースの順位，ハンディキャップ量，生涯獲得賞金額などを用いて算出を試みている．最近は，おもに獲得賞金額などを使用して，競走馬のヘリタビリティを試算することが多い．それらによると，これらサラブレッド種の競走能力の遺伝率は，低めに見積もったもので 0.2 程度，高いものでは 0.4-0.5 といったところである．すなわち，サラブレッド種のヘリタビリティは乳牛やニワトリ，ブタのそれぞれの能力の遺伝率と比べて際だって高いというわけではなさそうである．ヘリタビリティの値からサラブレッド種のキャッチフレーズを借りるなら，ホルスタインもブロイラーもランドレースもブラッドアニマルということになる．

では，競走馬のスピードはどこまで速くなるだろう．図 5-1 にわが国のダービーの優勝タイムと，同じく英国のダービーの優勝タイムをそれぞれ 1930-90 年と，1840-1980 年まで示した（楠瀬 1990）．わが国では，この 60 年間で約 10 秒ほどタイムが縮まり，英国では 140 年で 20 秒ほど短縮している．一方，実際のタイムをプロットした点から推測した経年的な変化は，当初急激に低下したものが最近はゆったりとした低下曲線となり，ある限界値に漸近していくようにみえる．英国の例では，優勝タイムはすでにプラトーに達した様相がうかがえよう．レースとしてダービーは一例であるが，こうした例から，サラブレッド種のスピードは遺伝的な限界が近づいているのかもしれない．

動物行動学者のモリス博士は，競走馬のスピードがプラトーに達していることについて，遺伝学的な観点から，祖先が数十頭に限定されるサラブレッド種の世界は，ジーンプールとして小さすぎる可能性があると述べている（モリス 1989）．そのうえで，博士は「聖なるスタッドブックをもう一度開いて，サラブレッドに中東の血を再び注入するのはいまである」と過激な示唆をしている．

サラブレッド種について，さらに遺伝的改良を進めていくには，ウシやニワトリ・ブタなどで行われている集団遺伝学的考え方を取り入れ，人工授精や受精卵移植により改良の速度を速める手法がある．たとえば，欧米やわが国の乳牛の世界では，ほぼ100% 人工授精で繁殖が行われ，雄ウシを実際の交配に使用することはほとんどない．したがって，各農家で雄ウシを飼っている例はきわめて少なく，雄の遺伝子は凍結精液で各農家にもちこまれるのが普通である．こうした精液はカタログによって選ばれる．そのカタログには遺伝的期待値が示されており，それぞれの種雄を交配させたときの次代は，乳量で何%，乳脂質で何% 向上しうるといったデータが明示されている．各農家は自分が所有する雌ウシの特性を考慮しつつ，こうした値を参考にして種牛を選ぶが，次代が期待どおりの成績を出さなかった場合は，自分の飼養管理能力に問題があったか個体差によるものということになる．

乳牛もブタもニワトリもヘリタビリティからはブラッドアニマルであると述べたが，サラブレッド種と異なり「ブラッドアニマル」とはよばれないのは，ウマの世界に比べ遺伝的に整理されつつあり，種畜選択後の生産者の問題は飼養管理技術である，ということが明らかであるからである．もし，サラブレッド種の世界にこうした近代技術を駆使した繁殖技術が導入されたならば，1000–4000 m を疾駆するという能力については，さらにさらに洗練される可能性はある．

では，ウマでこうした整備された育種手法を用いることに問題はないだろうか．もし，サラブレッド種の遺伝情報が整備され，ウシやブタなどのようになったら，ギャンブルが成立しにくくなるのではないだろうか．サラブレッド種の血統至上主義は，じつは競馬独特のファンタジーの世界であり，ギャンブルとしてのゲームの神秘性を高める意味があるのであろう．競走馬の人工授精の禁止なども，こういった心理的な背景をふまえたものかもしれない．

こうした競走馬のスピードの限界を打破するほかの手法として，1つは環境要因の改善があるだろう．すなわち，ウマの競走能力の発現をより高めるためには，ウマの栄養学・飼養管理学がさらに進展する必要がある．サラブレッド種のヘリタビリティがかりに0.5としても，競争能力の半分は飼養管理が影響することになる．こういった背景もあり，日本中央競馬会では1998年に日本版のサラブレッド種の飼養標準を作成した．この飼養標準作成には，国や自治体の畜産試験場の研究員をはじめ，いくつかの大学の畜産学者も参画している．

なお，すでに述べたように，ウマの飼養標準を公表している国は意外に少ない．ウシ，ウマ，ブタ，ニワトリ，ヒツジ，ヤギなど主要な家畜以外に，ウサギやミンク，キツネ，コイなどまでを網羅している米国NRCは別として，ほかの国々にはほとんどないといってよいのが現状である．肉馬生産がさかんなフランスでは，国立研究機関であるINRAからウマの飼養法といったようなテキストが発刊されてはいるが，飼養標準というおもむきではない．ドイツも乗用馬生産がさかんに行われており，この国ではウマの消化生理に関する興味深いテキストをみることができるが，やはり飼養標準というほどではない．

さて，米国のNRC養分要求量の「ウマ」(1989) では，とくに用途・品種の指定はなく，大型馬・小型馬が体重によって分けられており，また，運動量によって養分要求量を変えるよう指示されている．米国の馬頭数におけるサラブレッド種が占める割合はおよそ20–30%程度であり，明らかにNRCのねらいは競走用のサラブレッド種ではない．実際，米国NRCウマ養分要求量編纂時の委員長を務めたコーネル大学のヒンツ博士も，この点については「米国のNRCのウマ養分要求量はサラブレッド種に的を絞ったものではない」と，明確に答えている (Hinz, 私信)．わが国のウマ飼養標準の特徴は，おもに軽種馬であるサラブレッド種飼養を主体として編纂されたものであることだろう．その点で，この飼養標準は飼養馬頭数の大半が軽種馬であるわが国の実状に即したものである．

こうした飼養標準のうち，ウマのエネルギー要求量で大きな問題となるのは，運動量との関係である．ほかの家畜と異なり，その強大な筋肉を使うことで人類に役立っているウマでは，当然のことながら，運動によるエネルギー消費量は高い．しかしながら，NRC においても運動は，せいぜい軽・中・重といった3段階で示されているだけで，研究蓄積が十分ではないことがうかがえる．

南米でプラウを引く輓馬のエネルギー消費量を計算した報告を NRC の値と比較してみると，その報告は運動負荷が要求するエネルギー必要量を非常に高く見積もっている（Perez *et al.* 1996）．また，林間放牧地で冬季間 24 時間放牧されている北海道和種馬のエネルギー摂取量と体重増減を検討した研究では，冬季林間放牧においては，体重維持だけで中-重度の運動量に近いエネルギーを必要とすることが示唆されている（河合ほか 1997）．こういった報告からも，今後この分野の新たな知見が待たれる部分が大きい．さらに，実際の競走の場面では，後半とくに無酸素呼吸下で激しい運動が行われ，大量のグリコーゲンが消費され，乳酸が筋肉中に蓄積される．こうした点については，ヒトのスポーツ医学では研究が行われているが，ウマについては現在知見が少ないのが現状である．この分野の激しい運動後の「回復」については JRA 総合研究所の松井博士が，血管に常置カテーテルを装着したサラブレッド種成馬をトレッドミル上で襲歩させ，血中のアミノ酸の動向から筋肉タンパク質の分解と再合成を検討するというダイナミックな研究を行っている（松井 2005）．

競走馬の育成の段階で，こうした科学的知見に従った飼養管理方法が実施され，また，競走を行っているウマの飼養管理に関する研究がさらに進展すれば，競走馬のスピードはさらに向上する可能性があろう．

5.3 身近な乗用馬の世界

わが国では江戸時代まで，乗馬は農民の一部や馬方がたまにまたがるのを除けば，武士階級にのみ許された特権であった．武芸十八般の1つとして武技を練る目的での乗馬であったが，実際には江戸時代を通じてほとんど戦争はなく，武士階級にとって乗馬は，いまでいうスポーツであったろう．明治以後，乗馬はおもに軍人と一部特権階級のレジャーとして行われていた．ただし，大学・高校などにはすでに馬術部があり，高まる軍国主義の風潮を背景に，比較的社会的認知の高かったスポーツであったと聞いている．もっとも，当時こうした高等教育を受けることができたのはやはり一部の人々であり，その点では，限定された層の人々のレジャーであったのだろう．

戦後軍人の世界はなくなり，現在わが国の乗馬の世界は，大学の馬術部と一般市民を対象にした乗馬クラブによって支えられている．近年，乗馬というスポーツ・レジャーが余暇の過ごし方として一般市民に受け入れられ始めており，徐々にではあるがさかんになってきている．ただし，こうした社会人対象の乗馬クラブの会員も，大学でウマに乗った醍醐味が忘れられないといった元大学馬術部員が多いものと思われ，さらにこうした乗馬クラブの指導員は，大半が大学などの馬術部出身者でもあるので，その意味では，現在のわが国の乗馬文化の一端は大学の馬術部が支えている．

一方，大学の馬術部は基本的に競技を主眼においた体育会系の部活動であり，馬場馬術および障害馬術で技を競い，勝つことを目的にウマに乗る．その点で，余暇をウマに乗って楽しむという現在の乗馬に対するニーズとやや路線を異にしている．市民対象の乗馬クラブでの楽しみ方として，競技として競う乗馬ももちろんあってしかるべきであるし，あるべき姿ではある．しかし一方では，むずかしい競技をこなさなくとも，ウマに乗ること自体が喜びである面もあり，一般市民にとっての余暇の活用として，十分福利厚生や体育としての役割を果たすものである．

各乗馬クラブの指導層が大学馬術部出身者である場合は，どうしてもこうした競技馬術としての面が強くなる傾向にある．限定された面積の馬場で高度なウマの取り扱い技術を競う競技馬術と，余暇を楽しむ乗馬とでは，乗り方をはじめウマ自体の調教も異なる．

世界的にみると，スポーツ・レジャーとしての乗馬にはさまざまなものがある．英国の伝統スポーツにキツネ狩りがあるが，ウマと場所を準備するむずかしさ以前に，キツネをイヌに咬み殺させるべく追い回すこのスポーツを受け入れる文化的下地が，わが国にあるかどうかが問題となろう．

図 5-2 相馬「野馬追」神旗争奪戦（津田宏氏撮影．社団法人日本馬事協会提供）

江戸時代以前に行われた犬追物も，スポーツやレジャーとしてはなじみにくい．ただし，この競技は矢の先にタンポをつけて射ており，イヌを傷つけたり，ましてや殺したりしないような配慮のもとに行われた．鎌倉時代から始まって，桃山時代にいったん廃れたが，江戸時代に薩摩藩の島津忠久公により再興され，以後，明治の初めまで薩摩藩のお家芸として伝えられている．

また，アフガニスタンやイランなど騎馬の文化が古い国々では，ウマで子羊・子山羊や子牛を奪い合う競技がある．地域によって，ルールや名称は異なっているが，アフガニスタンでは「ブズカシ」(Buzkashi) もしくは「コクブリ」(Kokburi) とよばれているらしい．ブズカシでは，競技場に投げ込まれた子羊もしくは子山羊の死体を二手に分かれた敵味方が技量を尽くして奪い合い，地面に書かれた輪に投げ込む．勇壮なウマを使用したスポーツであるが，やはりわが国にはなじみにくかろう．わが国の相馬の野馬追は，空中から落ちてくる一流の旗を甲冑武者の格好をした騎手が奪い合う伝統競技で，上記「ブズカシ」と似た部分もある競技である

(図 5-2). わが国の騎馬文化を受け継いでおり, 伝統の保持としての催し物といった意味ばかりでなく, 一般的なスポーツとしても発展してよいのではないだろうか.

ポロはチベットやペルシアを起源とするウマで行うホッケーのようなスポーツで現在, 英国, 米国, アルゼンチンなどで行われている. ポロ競技は1チーム4人の騎手が, およそ200×300ヤード程度のグランドにおいて, プラスチック製のボールを馬上からマレットもしくはスティックと称する打棒で打ち合い, 得点を競うスポーツで, 危険を伴う非常に激しい競技である. これに用いるウマは, 瞬発力があり機敏なポロポニーといわれるウマで, 品種は特定されていない. 北米ではウシ追い用に育種されたクオータホース種が用いられたこともあったが, 現在はアルゼンチンの牛追い馬クリオージョ種をもとに, サラブレッド種やさまざまな品種を交配させて用いていることが多い. 4頭のウマと騎手がいればチームは編成できるが, 実際にはウマの消耗が激しく, 1人あたり最低でも2頭以上, 普通4-5頭の替えウマを用意するから, 20頭程度のウマを準備しなければならない. 英国においては, 伝統的に王室をはじめとする貴族のスポーツであり, 米国・アルゼンチンでは大富豪のゲームであった. 設備投資および維持にたいへん経費がかかるスポーツであるが, 現在日本でもクラブができて, 楽しんでいる人々がいる.

わが国にも打毬(だきゅう)とよばれる騎馬で競う球技があり, 現在八戸藩由来の加賀美流府伝打毬と山形水野藩由来の豊烈打毬および宮内庁打毬の三様式が伝わっている. ポロに似るが, 実際は紅白玉入れ合戦で, 馬上で先にかごがついた杖を使用して地表の球をすくい上げ, 自陣に運ぶ競技である. 現在ではスポーツとしてより, 一種の儀式となって特別の日に行われる催し物となっている.

流鏑馬(やぶさめ)は鎌倉時代から行われている武士の武技を磨く競技で, 前述の犬追物に, 笠懸(かさがけ)を加えて, 鎌倉時代の「もののふ (武士)」の「騎射の三つもの」としてさかんに行われた. 早めのキャンターもしくはギャロップで直線を移動する馬上から, 弓で的を射るものである. 現在も, 八幡系の神社での奉納を中心に行われ, 一説によれば, 現代は鎌倉時代についで流鏑馬がさかんな時代であるともいわれている (稲葉 1999). 最近はこうした祭礼の伝統の保持といった流鏑馬にとどまらず，地域社会における神社を中心としたウマを用いた社会活動として流鏑馬を行っているところもある．

流鏑馬は本来神事として行われ，現在も小笠原流や武田流など伝統各派が江戸時代に復活した神事流鏑馬を伝えている．これとは別に2000年代の初めより，流鏑馬を競技として楽しもうというグループができた．競技流鏑馬連盟と称して，100 mに等間隔でおかれた1の的から3の的までの3つの的を疾走する馬から射て，その結果を競うものである（近藤 2009）．服装，弓矢，馬装などは和式を用いることになっているほか，ユニークな点はウマは必ずわが国の在来馬（もしくは在来馬系）を使わなくてはならない点である（図5-3）．和鞍や和鐙など伝統的なわが国の馬具は当然わが国の在来馬の体形や歩法とともに発達してきたもので，ウマとヒトの絶妙な組合せが必要なこの伝統技能は，やはり和種馬で行われるべきであろう．また伝統各派と競技流鏑馬が異なる点は，女性の参加を認めている点で，少女も含めてたくさんの女性が出馬している（図5-4）．1の的から3の的までの100 mをほぼ襲歩で走り抜くが，もっとも早い乗り手は8秒台で3的を射貫く．これは競馬の追い切り，1ハロン15秒に匹敵する速度である．現在，競技流鏑馬は北日本を中心に5月から10月まで，八戸や十和田など東北各地，函館，恵庭，帯広など道内各地で大会が開催され，常時20-30名の老若男女が騎乗弓射の腕を競っている．なお，笠懸は流鏑馬に似た競技だが，当時の射手の装束の1つである綾藺笠（あやいがさ）を木などにかけて騎乗で射る競技で，河原や草原などで即興で行われたのが起源らしい．

現在の流鏑馬を行っていくうえでの大きな問題はウマである．農業用のウマが多かった時代には，おもにこうした農用馬を用いていた．農用馬は鞭を入れなければ走らず，そのスピードもけっして速くはない．最近は農用馬はめったにおらず，ウマの供給源としては年間7000頭から8000頭生産されるサラブレッド種の廃用競走馬などが使用される．これらのウマはキャンター時の上下動が大きく，スピードが速い．その結果，昔は高い命中率であった流鏑馬が現在はなかなかあたらなくなっているという．こうしたジャンルのウマのスポーツには，在来和種馬などが適当であるだろう．

わが国で従来行われていなかった馬術競技として，エンデュランスレース（長距離耐久レース）がある．80 kmとか160 kmの距離を乗馬で走破

図 5-3 流鏑馬競技連盟の恵庭大会で北海道和種馬に騎乗して弓射（2008 年）

図 5-4 流鏑馬競技連盟の恵庭大会で和種馬に騎乗して弓射する女性騎手（2008 年）

する競技である．スピードばかりではなく，クロスカントリーに似て，区間ごとのスピードやウマの体調なども評価の対象である．1970年代に，エンデュランスレースを模したウマによる長距離レースが北海道で行われ，主催者の無知から何頭ものウマを死亡させるという事故が起こった．十分な知識がなければ，ウマが死亡するほど過酷なスポーツである．90年代後半にやはり北海道でエンデュランスレースがいくつか開催されたが，これらは正しいエンデュランスレースの知識にもとづき行われ，成功をおさめている．こうした乗馬による競技は，馬文化の幅を広げるためにもぜひさかんになってほしい．

エンデュランスレースとは別に，ある程度の距離をウマで移動するスポーツとして，ホーストレッキングといわれるウマを使ったスポーツがある．これは競走ではない．従来より，馬術の一環としてクロスカントリーや野外騎乗というジャンルがあり，総合的な乗馬技術が要求される高度な騎乗であると同時に，狭い馬場内での乗馬とは異なる大きな喜びのある騎乗であった．ホーストレッキングは，外見上はいわゆる野外騎乗と同様のものであるが，高度な馬術というより，一般の人々が気軽にウマとともにハイキングを楽しむというものである．古くから欧米では比較的一般的なレジャーの一形態であり，とくに北米では気軽に2,3時間の騎乗を楽しむものから，キャンプなどと組み合わせて何日も旅をするといった大規模なものまである（図5-5）．

わが国では，この10年ほどでさかんになってきており，自然条件に恵まれた地域では，規模の大小はあるもののトレッキングが楽しめるクラブなどが増えている．全国には木曽馬や北海道和種馬など，在来馬を利用したトレッキングクラブもいくつかみられる（図5-6）．さらに，公共牧場などの新機能として都市住民とのふれあい機能を発展させていく構想では，こうしたホーストレッキングが計画されていることが多い．

ホーストレッキングがわが国の健全なレジャーの一形態としてより発展していくためには，いくつか問題がある．私たちは北海道草地協会と共同で，北海道内でホーストレッキングを実施している団体・施設に対してアンケート調査を行い，その実態と問題点について検討している（江幡ほか 2000）．この調査は51カ所に郵送で行われ，28カ所から回答を得た．こ

図 5-5 カナダでのトレッキング風景（オンタリオ州にて）

図 5-6 北海道和種馬によるトレッキング（北海道鶴居村にて）

れによると，トレッキング所要時間は30分程度のものから1日コースまでさまざまであり，コース距離は5 km以下から40 km以上まであった．コースは団体所有地のほか，一般道路・山林・林道・海岸などが利用されている．使用馬は全部で316頭，自馬を繋養している施設は21団体であり，平均で15頭程度の繋養数となった．品種はサラブレッド系馬が90頭ともっとも多く，クオータホース，ポニー，北海道和種馬が40頭から50頭であった．年間利用者数については19団体から回答があり，総利用者数は7万人を超える数字となっている．ただし，この数字は引き馬による乗馬利用者5万7000人を含んでいる．これらを全利用者から差し引くと，おおよそ1万3000人程度がなんらかのかたちで屋外での1人乗りでの騎乗を楽しんだということになっている．利用料金には，1日コースの場合で1万円から3万5000円まで非常に大きな幅があり，来客数や立地条件により大きく変動するものと思われた．

この調査では，以下のような問題点が指摘されている．1つはコース設定である．自然資源に恵まれている北海道においてさえ，各施設ともトレッキングコース設定には強い制約がかかっている．アンケートの回答では，コース全体を団体が所有している例もあったが，一般には普通の道路，山道，林道，海岸を使用する例，また，私有地や公有地を利用している例などさまざまで，コース設定には苦慮している状況がうかがわれる．

アンケート調査と同時に4カ所の施設で実施した現地調査の結果から，こうしたホーストレッキングに参加する人々のニーズは，大きく2つに分かれることが示唆されている．すなわち，のんびりとウマによる自然のなかでの逍遥を楽しみたい「逍遥タイプ」と，広いところでウマを駈けさせてみたい「走破タイプ」である．もちろん，両者が入り混じっている場合も多いだろうが，全体に乗馬に不慣れな人々は前者が楽しく，都会の馬術クラブなどで多少なりとも乗馬をしたことがある人々は，後者を期待している．したがって，こうしたニーズのちがいによっても，コースは異なることになる．

林道を含めて，一般道路を利用する場合はほかの交通者や交通機関とのかねあいが問題である．とくに長い魅力的なコースを設定する場合は，一般舗装道路を利用せざるをえない．このとき，自動車などと道路を共有することになり，交通事故の危険性も考慮しなければならない．もちろん道路交通法ではウマは軽車両と規定されており，一般道路を通行するうえで法律上は問題はない．しかし，現代では一般路上を騎馬で通行する風景はごくまれであり，ほかの交通機関との軋轢については十分注意すべきだ．道路や市街地への馬糞の放置も避けるべきであり，こうした点からの留意も必要である．

このほか，コースが舗装道路か，砂利道か，山道か，などの地表面の状態も問題になる．この地表面の問題は，供用馬に蹄鉄を履かせるかどうかと関連する．砂利道で蹄鉄を履いていないウマを走らせることは危険であるし，ウマにもよくない．従来騎乗に用いるウマは蹄鉄を履かせるが，現在はウマの装蹄が行える施設・技術者は少なく，蹄鉄を履かないで供用している例が多い．和種馬のように蹄が硬く閉まり，蹄鉄なしで供用された歴史をもつ馬種は問題が少ないが，本来蹄鉄着用で供用されてきた馬種では，負担が大きいかもしれない．

どのような馬種を利用するかという問題も大きい．上述のように，ホーストレッキング団体が繋養する供用馬の品種は，サラブレッド系馬がもっとも多く，クオータホース，ポニー，北海道和種馬がそれについでいる．サラブレッド系馬でのトレッキングは，体高が高くスピードも速く，騎乗時の爽快感や駈歩・襲歩時のスピード感はなににもましてすばらしいものがあり，走破タイプには向いているかもしれない．しかし，走行時の反動が大きく重心が高いので，バランスを崩しやすい．あまり乗馬経験のない人々がウマを楽しむというホーストレッキングにはやや不向きで，こうした逍遥型にはポニーや北海道和種馬もしくは北海道和種系馬が向いているだろう．このような小格馬は体高が 130–140 cm 程度であり，初心者の乗り降りにも問題は少ない．とくに北海道和種馬など在来馬は振動が独特で，速歩させたときにも，十分軽速歩が行えない初心者にとっても疲れが少ないだろう．さらに，側対歩を行うウマでは，たいへん軽快で独特の速歩が楽しめる．

また，在来馬は競走や馬術競技などに使われた馬種ではなく，歴史的に使役馬として使われてきた点も注目すべきだ．馬術などで使われるウマは基本的に乗り手の命令に従い動く．使役馬は毎日のルーティンワークのなかで，仕事を覚え考えて動く．A 地点から B 地点へ行けと命令された馬場馬術のウマは，なにがあろうとそこへ行き，途中に障害があれば飛び越していくだろう．使役馬の場合，A から B へ移動してくれれば，使役者は途中経過はウマに任せ問わないといってもよい．こうした点で，初心者を乗せて山野の決められたコースを回ってくるトレッキングには，使役馬という歴史をもった在来馬が適しているものと思われる．

ただし，さまざまな品種でホーストレッキングの隊列を構成すると，和種在来馬やポニーなど馬格の小さなウマは，利用者にいやがられることもあるという．150 cm 以上のウマと並ぶと，小さな在来馬に割りあてられた利用者は「なぜ私だけが……」と思うらしい．実際のホーストレッキングに対する品種の向き不向きより，ビジターの「嗜好」や「期待感」に対応せねばならない面もある．なお，この調査以外で，重種のペルシュロン種を乗用馬として調教し用いたホーストレッキングに参加したことがあるが，予想外に良好な結果であった．すなわち，重種馬は歩法がゆったりとしており，性格も温厚で非常に落ち着いている．背が広く足を大きく広げて乗らねばならないことを除くと，こうした農用馬として育種された重種も，のんびりした逍遥型トレッキングには好都合かもしれない．このような点を考えると，ホーストレッキングに供用するウマの品種は，コースの条件や利用者がなにを期待しているかによって，今後分ける必要があるのだろう．

ホーストレッキングは，熟練者が行う乗馬競技の一部としての野外騎乗ではなく，まったくの初心者を含むさまざまな人々が気軽に楽しむ乗馬である．従来からわが国で「ウマに乗る」人々とは，競馬関係者か，上述のように大学の馬術部もしくは民間の乗馬クラブに所属する人々であり，前者はスピードを競うため，後者は馬場内での高度な乗馬技術を競う傾向が強い．ホーストレッキングは，人馬一体で競技としての技術体系の完成をめざすのではなく，ウマを扱った経験のあまりない人々が十分楽しめるものでなくてはならない．極言すれば「ウマが」乗る「ヒトの」面倒をみるといった乗馬技術体系になろう．

競馬や馬場馬術でも，もちろん高度に調教されたウマが必要である．一方，ホーストレッキングでも異なる概念のなかで，やはり高度に調教されたウマが必要である．そして，これはウマの問題ではなく，じつはウマをつくるヒトの問題である．わが国におけるホーストレッキングがさらに発展していくためには，こうした初心者の面倒がみられるホーストレッキング用のウマを調教できる人材・施設の充実が必要である．

5.4 新たな使役馬の世界

いまも生きている使役馬

ウマは家畜化されて以来，おもに役畜として用いられてきた．しかし，20 世紀後半から使役動物としての役割はきわめて小さくなってしまい，移動や運送，動力源などといった舞台の主役ではなくなっている．だからといって，ウマが使役の舞台から完全に消え去ったわけではない．小さいながらも，しっかりとその位置を定め，現代社会のなかで活躍しているウマたちがいる．

もちろん，ユーラシア大陸の各地や南北両アメリカ大陸で，現在も昔ながらの使われ方をしているウマの例は枚挙にいとまはない．ここでは，それ以外にわれわれの生活のなかに使役馬として居場所を得ている，もしくは今後はっきり居場所を定める可能性がありそうなウマたちについてふれよう．

都会のなかで使役されているウマは 2 種類いる．1 つは，観光馬車である（図 5-7）．大都市でもヨーロッパの古都や北米の由緒ある都市では普通にみかけるが，わが国ではさほど多くはない．ホームページで調べると，国内に 20 カ所ほど観光馬車を走らせている場所がある．しかし，比較的大きな都市となると，札幌があげられるのみである．明治維新以前のわが国は馬車を多用した歴史をもたず，さらに，戦後急激に膨張した都市の道路は，基本的に昔のままに狭く曲がりくねっており，現在の交通事情下では，観光馬車が入り込む隙間がないのかもしれない．その点で，原野から明治以後に発展した都市である札幌において，都市のなかに馬車が現存することは当然だともいえる．また，北海道では開拓当初より，広大な大地を耕し移動するため，ウマを多用したという歴史があるのも無縁ではない

図 5-7 オーストリア・ハンガリー国境付近の観光馬車

だろう．ウマにそりを引かせて，3 カ所に小山を築いた直線コースで競わせる輓曳競馬も，北海道ならではの競馬であり，伝統を継いだものである．

観光以外で，馬車を引くウマをみなくなって久しい．昭和 30 年代に関西から中部で育った人々は「パン売りのロバ」を懐かしく思い出すかもしれない．昭和 30 年に京都で生まれたこのユニークなパンの移動販売は，西日本を中心に爆発的な人気をよび，昭和 35 年には全国で 180 店舗もあったという．もっとも，この馬車を引いていたウマ科の動物はロバではなくウマで，写真でみるかぎり和種馬のようだ．「ロバのパン」は現在もパンの移動販売会社として活躍中であるが，いまは自転車と自動車で販売を行っているという．若干残念な気がする．

なお，現在も活躍している観光以外の馬車では，皇室の公式行事で使われる馬車が思い浮かぶ．第 4 章の品種の節で述べたように，皇室の馬車には栃木県にある宮内庁御料牧場で飼育されているクリーブランドベイ種が使われていた．ここで生産された馬車用のクリーブランドベイ種は，宮内庁主馬班（旧主馬寮）で最終的に調教されて供用される．われわれの世代には，今上天皇が皇太子であったときのご結婚のパレードが強く印象に残っている．現在でも各国大使がわが国に着任して皇居に参内する際には，まえもって「皇居内での送迎は馬車か，自動車か」というご下問があるそうで，各国大使は例外なく「馬車」を希望すると聞いている．皇居のなかでは使役馬の居場所がしっかり存在している．

さて，もう1つの現代社会のなかの使役馬は騎馬警官にみることができる．騎馬警官はカナダのロイヤル・マウンテッド・ポリスが有名であるが，米国をはじめ，ヨーロッパ各国に存在する．わが国では，東京都警視庁騎馬警官隊と京都府警の平安騎馬隊および皇宮警察本部騎馬隊の3つがあり，それぞれ10頭前後のウマを供用している．

京都府の平安騎馬隊を例にとると，この騎馬隊は1994年2月に創設され，6頭のウマで構成されている．古都京都の風物とマッチすべく創設された面もあるが，騎馬ならではの役割もある．平安騎馬隊のホームページによると，この騎馬警官隊の日常的な業務はつぎの6点であるとしている．すなわち，①交通整理，②平安神宮・北野天満宮・二条城周辺のパトロール，③交通安全活動などの行事への参加，④京都三大祭などの雑踏警備，⑤京都まつりなどのイベント参加，⑥養護学校でのふれあい活動，である．

世界各国の騎馬警官の役割も，おそらくよく似たものであろう．交通整理や雑踏警備を行う際には，騎馬利用の利点が発揮されよう．まず，ウマの上は見晴らしがよく，また四方の視界が広い．歩行する市民より，また，一般車両より1mは高いところから広く見通すことができる．さらに，ヒトより速く移動でき，車両よりも小回りが利く．ヒトの行けるところはどこでも行ける．ちょっとした障害物は，車は越せなくともウマは越えることができる．都会の雑踏のなかの交通整理やパトロールにはたいへん都合がよい．さらに，市民の側からも警察官がよくみえるという点も，見落とせない利点である．

ウマがもつ心理的効果も見逃せない．1つは親近感であろう．優しい目をしたウマにまたがる頼もしい警官の姿は，雑踏にもまれる市民にとって心強い味方だろう．いまひとつは威圧感である．不穏当な意向を抱くものに対して，騎乗の警官は大きな心理的圧迫を与える．たぶん地上に立っているだけの警官より威圧感は強いだろう．南米ではサッカーの試合の警備に騎馬警官が出動するという．悪名高きフーリガンの制御には騎馬警官が有効らしい．無生物であるパトカーを金属バットでぶったたくことはできても，生きものであるウマを殴るには，かなり精神的跳躍がいる．パトカーを破壊したり警官に反抗することを英雄視する集団はどこの世界にも存在するが，ウマに危害を加えるものは一般市民はおろか，不逞な集団のなかでもあまりよい感情はもたれないにちがいない．

さて，こうした現在活躍中のウマたちとは別に，現代社会で活躍を始めたウマたちがいる．ウマとふれあうこと自体が心やからだの「いやし」（セラピー）になるという目的で使われているウマたちだ．また，実用化の段階ではないが，今後の可能性としてこんなウマの居場所もあるだろうという例として，森林の保全とウマがある．そこで，つぎにこの2つについて述べてみよう．

セラピーホースの世界

精神的に疲れたり，心になんらかのトラブルをもつ人々が動物と接すると，「いやされる」感覚を得られることは自明であろう．近年，これを積極的にセラピーととらえ，心ばかりかからだにもよい効果があるとして，「アニマルセラピー」という名称とともに市民権を得始めている（横山 1996; 林 1999）．これにウマを使用したものをホースセラピーもしくはヒポセラピーとよぶ．

障害者をウマに乗せる，もしくは障害者がウマに乗ることは当人に良好な治療効果を及ぼすことは，比較的古くから知られていた．もっとも古い記録としては，紀元前400年ころのギリシアにおいて，負傷した兵士をウマに乗せて移動させたところ，思いもかけず治療効果があがった，という例があるという．近代では1900年代の初めに英国で医療に乗馬を取り入れたという記録があり，また，50年代にはデンマークで理学療法士たちが乗馬療法を開始している．

身体に障害をもつ人々がウマに乗るとなぜその回復に良好な効果があるのか，じつは科学的に解明されているわけではない．現在，この方面で示唆されている推測を列挙すると，

①リズミカルな振動が乗馬者に与えられ，これが脳幹を刺激し，筋肉の発達・血液循環などに効果を及ぼす．

②バランスをとらねばならず，これが筋肉・神経系を刺激し効果を産む．

③脳性麻痺などの障害者は足がうまく開かないが，乗馬することにより自然に足を広げられるようになる．

④一般に障害者は車椅子や座位・横臥位でいることが多く視点が低いが，馬上で高い視点を得られ，たいへんな爽快感を産み，精神的に好影響を与える．

⑤一般に障害者は移動が不自由で，自分が自在になるスピード感を得た経験が少ないが，乗馬により自由にすばやく移動でき，精神的に好影響を与える．

といった点があげられている．実際，リハビリテーションとして治療目的だけで苦痛に耐えながらからだを動かすより，「ウマに乗る」という作業は，はるかに楽しく自発的に行われやすいだろう．

こうして列挙してみると，障害者がウマに乗ることには，物理的な刺激・効果と精神的な高揚感としての効果の2つがあることに気がつく．どちらも乗馬している当人にまちがいなく加えられている刺激であるが，どちらがどれほど，といった分析は非常にむずかしい．現在，こうした障害者をウマに乗せている施設は国内に30カ所近くある．このような現象からも，明らかに正の効果があることは疑いない．しかしながら，実際にその効果が十分科学的に解析されたわけではなく，その点で「療法」という用語を使用するのに躊躇される部分がある．また，「療法」とした場合，医療の一種であるからして，正式な医者の存在，もしくは指導なくしてはむずかしい部分もあるであろう．

障害者がウマに乗るということには，2つの面がある．1つはここまで列挙してきたような治療効果である．これには心理的な面と，生理的な面があることがうかがえる．いま1つは，障害者の社会参加としての乗馬である．障害をもつ人々も，健常者と同じように生活をし，スポーツを楽しめたら，それはすばらしいことだ．また，それは障害をもっていてもすばらしいアスリートになれることを如実に示すパラリンピックの世界にもつながる．障害者が乗馬を楽しむときには，健常者と同じような身体的・精神的な効用がある．体力の増強やバランス感覚の保持と発達，精神的な高揚感は，われわれがスポーツに期待するもので，これらの効果に疑いはない．もし，障害をもつ人々が乗馬できたら，それらの効果も当然期待できるし，じつは健常者以上に高い効果が得られるかもしれない．もちろん障害があるゆえ，健常者と同じような段階を踏んで乗馬ができるとはかぎらない．障害者がウマに乗るためには，それなりのステップと介助，適正な指導が必要である．

そこでヒポセラピーは，障害者が健常者と同じように乗馬できるようにすることを目的とする障害者乗馬と，障害の治療を目的とした乗馬療法の2つに分けられている．乗馬する障害者にとっては，結果的にどちらも精神的・身体的にプラスの効果があるのは明らかで，その点でこの2つはときとして混乱する．

北海道大学農学部畜牧体系学研究室では，前者の障害者乗馬に関する研究として，後述するRDA（Riding for the Disabled Association）Japanが指導するRDA横浜での障害者乗馬の実態を調査し，とくに障害者に乗馬を教えるレッスンプログラムの解析を行った（近藤・田中 2011）．RDA横浜では，定期的に障害者に対する乗馬の手ほどき（レッスン）を行っており，その指導要領はRDAのマニュアルに準拠し，実際の指導はRDAから資格認定を受けたインストラクターが行っている．RDAのレッスンは，乗り手である障害者とウマ，ウマの両側を歩きながら乗り手を支えるサイドウォーカー，ウマをコントロールするリーダー，乗り手・サイドウォーカーおよびリーダーに指示を出すインストラクターから構成されている（図5-8）．サイドウォーカーおよびリーダーはヘルパーとよばれることもある．レッスンは，乗馬の前のインストラクターによる各乗り手についての入念なブリーフィングから始まり，実際のレッスン，レッスン終了後のまとめからなっている．こうしたレッスンは1回ごとに記録がとられ，保管されている．

このレッスン記録を解析してみたところ，一連の乗馬レッスンプログラムは，乗り手とウマの関係から3つのジャンルに分けられることが示唆された．すなわちレッスンの目的が，乗り手がウマの動きを受動的に受け入

図5-8 RDA 横浜における障害者乗馬の風景

れることにあるパッシブ・フェーズ（passive phase），ついで乗り手が馬上でウマに対して積極的に働きかけるレッスンであるアクティブ・フェーズ（active phase），さらに乗り手が自立してウマを制御するレッスンであるインディペンデント・フェーズ（independent phase）である．パッシブ・フェーズでは，乗り手はヘルパーの介助を受けながら，常歩もしくは速歩のウマの動きを受ける．正規の姿勢でまたがることもあれば，横からウマの背にうつぶせに乗る乗り方もあり，また，仰向けにウマの背に寝る姿勢をとることもある．いずれにせよ，乗り手はウマの動きをからだ全体で受け，外乱（ウマが乗り手に与える物理的な力）として筋肉に刺激を受けるとともに，受動的ではあるがバランスを保持しようとする．

アクティブ・フェーズは通常の乗馬に一歩近づいたフェーズである．乗り手は馬上で積極的に姿勢を維持しようとし，ときとして長い調馬索（調教用のロープ）で速歩するウマの上で反動をとる．さらにインディペンデント・フェーズでは，乗り手はウマに指示し，コースをまわらせたりする．ここまでくれば健常者の乗馬と変わらない．乗り手の上達は，基本的にはパッシブ→アクティブ→インディペンデントと段階的に進んでいくが，実際は時間系にそってこうしたステップで進んでいくものではないことが，記録やその後の観察で確かめられている．また，障害の程度によっても，各フェーズ内での段階が異なることが示唆されている．

この3つのジャンル分けで障害者乗馬と乗馬療法を考えてみると，障害者乗馬では乗り手がインディペンデント段階にいたることを期待して乗馬指導を行うが，乗馬療法では基本的にパッシブ・フェーズで乗馬させることになろう．結果は同じであっても，基本的に期待しているものが異なるからだ．

最近では，より簡便に，また，より安全に障害者をウマに乗せる目的で，一種の乗馬ロボットのようなものが開発されている．ウマのかたちをした人工物が機械の力でウマと同じ動きをして，乗り手にウマに乗ったときと同じ振動を与え，効果をねらうものである．使い方によっては，きわめて効果的な機器であると思われるが，この機械の場合も本質的な意味でのアクティブ・フェーズおよびインディペンデント・フェーズはなく，おもにパッシブ・フェーズで乗馬することになる．

さて現在，世界でいくつもの国にこうした障害者乗馬もしくは乗馬療法の団体がある．1967年には米国で“Happy Horsemanship for the Handicapped”（69年に北米RDAとして統合）が結成され，69年には英国で，アン王女を総裁として“Riding for the Disabled Association”（略称RDA，障害者乗馬協会）が設立されている．ドイツでは1970年に治療的乗馬協会が設立されており，72年にはパリで第1回国際障害者乗馬連盟大会が開催された．こうしてみると，英国は障害者乗馬が主体であり，ヨーロッパは乗馬療法が主体のようにもみえる．米国は両者が入り混じった格好なのだろう．帰納法的な英国，演繹的なヨーロッパ，さらに伝統的にプラグマチックな考え方をする米国の特徴が現れているようにもみえる．障害者の乗馬に関する世界的な団体としてはHETI（Health Education and Training Institute; 旧FRDI）がある．また，北米ではPATH Intl.（Professional Association of Therapeutic Horsemanship International; 旧NARHA）がある．

アジアでは，70年代後半からシンガポール・日本などに各種団体が設立されている．わが国の障害者の乗馬に関してはNPO日本治療的乗馬協会（JTRA），一般社団法人日本障がい者乗馬協会，公益財団法人ハーモニィセンター，NPO RDA Japan などがある．4 団体はそれぞれの団体の特徴を活かしながら緩やかな連携をとっており，年 1 回の研究発表会を行っている．今後こうした分野の活動はますます発展していくだろう．

こういった障害者の乗馬に適するウマの品種として，在来馬があげられている．すなわち，在来馬は体高が 130-140 cm 程度で乗りやすく，サイドウォーカーなどヘルパーの介助も行いやすい（図 5-9）．また，歩様が一般に穏やかで，さらに性質が穏和であることなどが理由としてあげられている．

北大畜牧体系学研究室では，乗馬時の乗り手の動きのちがいを，サラブレッド系の軽種馬と和種馬で比較している．この研究は，常歩するウマが乗り手に与える物理的な力を回数としてとらえてみようとする実験で，ストレインゲージ（加わった圧力を電流に換える機器）を組み込んだテープスイッチに回数計を組み込んだ計測器を利用した．幅 2 cm 長さ 10 cm ほどのテープスイッチは，軽く力が加わると電流を発生し，コードを通じて

図 5-9 障害者乗馬での介助方法例
（北海道和種馬での介助）

表5-1 サラブレッド系馬および北海道和種馬騎乗時の乗り手のからだ各部位の稼働回数（回/分）

部位	平均回数			相対値		
	サラ系馬	和種馬	歩行	サラ系馬	和種馬	歩行
最長筋下部	383.5	314.5	249.4	153.8	126.1	100
前上腸骨稜	46.5	63.4	177.0	26.3	35.8	100
両側大転子部	177.0	54.5	175.6	100.8	31.0	100
内転筋部	190.2	266.3	418.9	45.4	63.6	100

電子式数取り機にその回数が記録される．被験者は，背最長筋下部，両側前上腸骨稜，両側大転子部，両側内転筋中央部にこのテープスイッチを装着し，引き手（リーダー）によって引かれたウマにまたがって，時速5 km/時程度の常歩で一定時間運動する．この間の各部位のテープスイッチの稼働数を，同じ時間・同じ速度で歩行する被験者のそれぞれと比較する．結果を表5-1に示した．

被験者は健常者であるが，騎乗時は力を抜き，ウマの動きに任せて引かれた状態にあった．こうして乗っていても，背最長筋下部は歩行時と同様，もしくはそれ以上の動きが生じている．ウマの揺れに合わせてバランスをとろうとする筋肉の動きであろう．なお，両側前上腸骨稜，両側大転子部および両側内転筋の動きは歩行より小さい．ただし，もし被験者が下肢麻痺で通常の歩行ができないとしたならば，この部位の動きは限りなくゼロに近い．ウマにまたがって引かれているだけで，歩行ほどではないが，外乱により筋肉に力が加わったことになる．

サラブレッド系馬と和種馬を比較してみると，サラブレッド系馬では背最長筋下部および両側大転子部が和種馬より多く，また，この値は歩行時より多いか同程度であった．一方，和種馬では両側前上腸骨稜および両側内転筋の稼働数が，サラブレッド系馬より高い結果となっている．この解析は，運動科学や解剖学などの面からさらに追究されなければならないが，一見したところ，和種馬に乗ったときは左右の動きに対応し，サラブレッド系馬では上下動が大きな影響を与えているように思われる．同じ距離を移動するのに，和種馬はサラブレッド系馬のおよそ1.3倍の歩数を必要としたことも，それを裏づけている．ウマと騎乗者に加速度計を装着して両者のリズム解析を行い（Matsuura *et al.* 2005），同様の手法で障害者乗馬インストラクターをさまざまな品種および体型のウマに騎乗させたところ，その振動解析から障害者には体高が低く体幹が太めのウマが適することが示唆された（Matsuura *et al.* 2008）．今後，「なにが起こっているのか」「具体的にどのような効果があるのか」など，さらに研究すべき課題は多い．

森林の保全とウマ

地球規模での環境問題が叫ばれるようになって久しい．こうした問題の中心の1つとして，森林の問題がある．森林は材木資源の源として太古の昔より重要な資源であったし，現在もその価値はいささかも減じてはいない．また，森林はさまざまな野生動物の生息場所を提供する場としても重要であったし，海の魚類資源についてさえ重要な役割を果たしている．さらに，水資源の涵養にも重要な役割を果たしていることは経験的に知られてきた．近年は，地球温暖化の元凶の1つである炭酸ガスの制御にも，森林は大きな効果をもつという．

わが国はその国土のおよそ7割を山林が占めている．明治後期から1960年代にわたる旺盛な植林営為に支えられてきた部分も多いが，はるか昔から森林は，われわれ日本人の「営み」を通じて生活のなかに息づき，また，森林自体も生きてきたといえる（鬼頭1996）．その典型が里山であろう．薪炭をとり，堆肥用の落ち葉を集め，牛馬を放牧する森林は，ヒトと森が「営み」というキーワードで結ばれた「自然とヒトとのあるべき姿」の1つを示しているのであろう．里山にみられるように，われわれと自然との関係は，「手つかずの自然」として保護すべきものとはいいきれず，ヒトとのかかわりのなかで管理され保全されてきた部分も大きい．電子技術をはじめとする非常に高い技術力をもち，かつ歴史的にも高い人口密度をもつわが国は，先進国の1つに数えられているが，こうした先進諸国のなかで，森林・山地が国土の7割を占める例は少ない．「瑞穂の国」といわれるが，森にも恵まれた国であったのだ．

こうした状況は近年，大幅に変わりつつある．経済構造の変化，慢性的な人手不足などが日常的な営林業務の遂行を妨げ，わが国の森林を荒廃させようとしている．わが国における第1次産業従事者の数は，この30年で急激に減少しているが，営林作業従事者の数も例外ではない．現代社会にあって，営林作業は若い世代に人気がない．作業者の高齢化は進むばかりだ．人口の都市集中に伴い，山村は空洞化しつつあるのが現状だ．伐採のほか，枝打ちや間引きなど日常的森林維持作業も十分行えなくなっている．さらに，農業人口の激減により，従来耕地であった部分からの営みの撤退が余儀なくされ，「耕して天にいたる」とまで驚嘆された傾斜地の美しい棚田は，灌木のジャングルに変貌している地域もあるという．

こうした現状に対して，1993年6月23日の朝日新聞の「論壇」に元国立林業試験場混牧林研究室長の岩波悠紀氏が興味深い提言をされている．このような森林の荒廃は，家畜の林間放牧によって防ぎうるとするものだ．森林下草の制御と牛道・馬道の形成により，少なくとも管理者が林内に入りうる道が形成されると指摘されている．

林間放牧については，1970年代に農林省や北海道開発局を中心にさかんに研究された時期があった．森林内で肉牛を放牧することにより，「牛肉生産と林木生産」が同時に行える有用な方策として推進されたものであろう．国土の70%が森林・山地によって占められるわが国にとっても，好ましい生産体系であったと考えられる．

この時代の研究は一応の成果をあげ，いくつかの林間放牧のマニュアルが発刊されている（農林省林業試験場 1965; 北海道開発局 1983; 北海道農務部 1985）．しかしながら，こういった肉用牛の林間放牧は，現在にいたってもさほど大規模に応用されてはいない．その理由は，70年代前後からのわが国をあげての高度成長経済のなかで，家畜生産も経営的な集約性が求められ，とくに肉用家畜は密飼い・濃厚飼料多給による生産方式に移行し，時間もかかり増体成績もけっしてよくない林間放牧は，効果的な経営戦略とはならなかっこと，また，森林内の樹木に対する食害も問題視され，農家にしてみると，「牛肉生産と林木生産」どころか「肉もとれない，木も痛む」といったところであったことであろう．

最近，林間放牧が見直されつつある．農山村の過疎化問題や先述の岩波氏の提言のほかに，現在までの家畜生産技術があまりに集約的に（intensive）走りすぎ，短期的・局所的な効率を求めすぎたことに対する反省として，もっと穏やかで粗放的な（extensive）自然と調和した生産技術体

図 5-10 冬季林間放牧地にてミヤコザサ採食中の北海道和種馬

系を模索し始めた世界的な風潮もある．森林を切り倒し，地表をブルドーザーでならして耕地・草地をつくるよりも，林木をできるだけ切らずに，森林のまま家畜生産の場として使っていこうとするものだ．こうした観点もふまえ，さらに未利用資源の利活用といった観点から，家畜の林間放牧の研究が九州，東北，北海道などの大学で，近年再び行われ始めている．北海道大学の研究は，ウマを利用する点でほかの研究と異なっている．北海道和種馬による伝統的なササ利用の林間放牧である（図 5-10）．

第 4 章の品種の節で述べたように，現在わが国で飼養されている在来馬は北海道和種馬のほか，木曽馬，野間馬，対州馬，御崎馬，トカラ馬，宮古馬，与那国馬の 8 品種であり，総頭数は 2000 頭ほどである．このうち北海道和種馬は総数の約 60% を占める．北海道和種馬は，18 世紀初めに内地から南部馬を中心に北海道にもちこまれたものの子孫で，北海道の厳しい風土のなかで成立した在来品種である．寒さに強く，粗食に耐える頑強な品種であるといわれている．これら北海道和種馬はおもに駄載馬として使われていたが，その飼養の実態は周年屋外飼育であったようだ．現在でも，これら北海道和種馬は屋外でおもに放牧飼養されることが多く，とくに森林内下草であるササ類を利用した林間放牧を行うことが特徴的である．これは，和種馬では子畜生産が主体で高い増体を求めてはいないこと，和種馬自体のササ類の利用性が冬季間においてさえ高いこと，などが理由として考えられる（Kawai *et al.* 1999; 河合 2000, 2001）．

ササ類のうち伝統的に北海道和種馬林間放牧に用いられるミヤコザサの飼料価値は，イネ科乾牧草と青刈イネ科牧草の中間の値で，とくに粗タンパク質含量が高く，また，DCP（可消化粗タンパク質）含量も高い飼料であり，冬季間の放牧飼料源として優れたものであるという結論が得られている（河合ほか 1996, 1997; Kawai *et al.* 1997）．さらに，同じく道内森林下草として優占するクマイザサの化学成分含量も，ミヤコザサと大きなちがいがないことが示されている．この研究は，ササを撲滅するためにはやや高い放牧密度で初夏から盛夏時までの放牧を 3-5 年繰り返すことで達成でき，逆に一定量のササを維持するためには，積雪量にもよるが，冬季積雪期の放牧が好ましいことも示唆している．

北海道和種馬が林間放牧に適していることについて，一連の興味深い研究も行われている．これは，出生時より同じように周年屋外飼育で育てられた北海道和種馬とサラブレッド系の乗用馬が，とくに冬季の林間放牧地で生産性が異なる点に注目して始められたものである．氷点下・積雪時の冬季林間放牧地に放牧されている期間中の体重の変化を比較すると，サラブレッド系馬は明らかに減少するが，北海道和種馬はほとんど変化がない．そこで，この研究では両品種を舎飼いとし，乾草を給与して採食量や消化率，乾草採食時の行動を観察した．すると，両品種間に明らかな消化機能の差はうかがえなかった．一方，採食行動では，体重あたりの採食量や体重あたり・1 分あたり採食量は北海道和種馬が高く，この品種が非常に効率的に飼料を摂取することがうかがえた（新宮ほか 2000）．頭部が体格に比して大きいことも影響しているかもしれないが（松本 1948），両品種の差は冬季林間放牧地における行動の差によることも考えられる．

実際に，積雪期の林間放牧地でこの 2 つの品種の採食行動を比較してみると，北海道和種馬はサラブレッド系馬より短い採食時間を示す反面，より広汎な地点で採食し，また，より雪が深い地点で採食するという結果になった（Shingu *et al.* 2001）．北海道和種馬の群れは，もっとも近いとなりの個体までの距離はサラブレッド系馬よりやや離れているが，もっとも遠い個体までの距離はサラブレッド系馬より近く，群れが比較的よくまとまって大きく移動していることがうかがえた．ミヤコザサなどの野草は放牧地の牧草に比べると，質的な分布の変動が激しく，質のよいものと悪いものが混在する傾向にある．そこで北海道和種馬は，できるだけ移動を多くして質のよいものだけをつまみ食いしていく採食戦略をとり，サラブレッド系馬は目の前にあるササをつぎつぎに摂取する掃除機方式で採食しているのだろう．体重の変化からみると，移動のエネルギーが余分にかかっても，和種馬のつまみ食い戦略は成功をおさめているようだ．さらに，雪の下にあるミヤコザサは鮮度が維持され，厳冬期においても新鮮らしい（Kawai *et al.* 2005）．そこで，サラブレッド系馬より積雪の多い場所を選ぶ和種馬は，より質のよいササを摂取したことになる．時間あたりの雪掘回数も北海道和種馬のほうが多い．

林間放牧地において，北海道和種馬は同じような育ち方をしたサラブレッド系馬とは異なる採食戦略をとり，より適応的だと結論するには，さらなる研究が必要なことはいうまでもない．もしかしたら，繊維成分の消化能力にも和種馬は優れたものをもっているかもしれない．こんなことも含めて，ウマのなかでも和種馬の積極的な利用が森林再生に有効であることがうかがえる．

北海道に現存するササはミヤコザサ以外にも，前述のようにその成分がミヤコザサに似たクマイザサがある．北海道の森林下草の大半はササ類が占めるが，このうちミヤコザサは太平洋岸の比較的小雪地帯に多く，北海道全体ではクマイザサが圧倒的に多い．クマイザサは草高が2 mを超えることはめずらしくなく，その群落は密生し獰猛で，ヒトの侵入を拒否する（図5-11）．そこで，われわれ北海道大学農学部のグループは，北方に位置する附属演習林と共同で，クマイザサ密生地での北海道和種馬の林間放牧試験を試みた（近藤ほか2001）．

この研究では，クマイザサが優占する林地内に100 m四方の牧区を設け，北海道和種馬3頭を1週間放牧し，ササの消失量や採食行動などを検討した．図5-11は，放牧前のクマイザサの様相を撮影したものである．丈の低いミヤコザサにおいて，同じ面積で林間放牧試験を行った結果では，

図 5-11 身の丈を越すクマイザサの群落

図 5-12 クマイザサ群落に北海道和種馬 3 頭を放牧した 1 週間後の様相

1週間でおおむねササを食べつくし見通しのよい林内になるが，これだけ密生した丈の高いクマイザサでは，さすがの北海道和種馬も縦横に歩きまわることはできず，また食べつくすこともできず，おおよそ放牧地面積の4分の1を蚕食したにすぎなかった．図5-12は1週間後の採食された部分の様相を撮影したものであるが，図5-11と比べてほしい．大半のササは茎部しか残っておらず，また踏み跡が道のようになっている部分がわかる．

岩波氏のいう，管理が行き届かない森林内に放牧すると，少なくともヒトが入れる道ができるとは，こうしたことをいうのであろう．ウマは森林内の採食対象植物のレパートリーがウシより狭いといわれ，全体として森林の林木に対する被害はウシより軽微であるといわれている．確かに，たとえばウマは針葉樹には見向きもしない．管理の行き届かない森林にウマを放すことは効果がありそうだ．

もし，こうした森林内のササを人手で刈り倒すとしたら，たいへんな労力が要求される．経費も高いものにつくだろう．それ以上に，作業者がみつからない．一方，現代社会のなかでのウマは，ウシよりはるかに産業基盤が小さい．いいかえれば，牛肉の需要は一般的だが，馬肉はあくまでスペシャルディッシュである．在来馬を林間放牧で生産しても，経営として成り立つかどうか疑問だ．しかし，営林作業の面で考えると，ウマの林間放牧はきわめて高い経済性をもっている．林間放牧で飼養したウマが売れようと売れまいと，森林下草に圧力を与え続ける作業自体がたいへんな価値をもっている．いわば，下草刈りの使役にウマを使うという考え方である．可能性として，新たな使役馬としての未来がのぞきみえるものではないだろうか．

この分野の研究は始まったばかりであり，安易な展望を述べるべきではないかもしれない．しかし，こうした研究のなかで，荒廃しつつあるわが国の森林の営林業務と，全国で2000頭弱の在来和種馬の見過ごされてきた潜在能力が結びつけば，新たな展開が望めるかもしれない．

あとがき

私の所属していた研究室は北海道大学大学院農学研究科の家畜生産学講座畜牧体系学分野という．「畜牧体系学」という名称の研究室は，おそらくわが国で私どもの研究室だけだろう．旧名は「家畜飼養学」であったが，一連の大学の機構改革のなかでこうした名称となった．

私どもの研究室は，それまで家畜の飼育学と栄養学を柱として，おもに反芻家畜を中心に教育研究を行ってきたが，これら一連の改革を機に，家畜生産を土地を基盤とした飼料生産も含めてシステムとして考えるという立場から，「畜」（家畜）と「牧」（飼料生産の土地）の体系学という名称を選んだものである．そこで，北海道という気候風土をふまえると，草食家畜を中心とする生産システムが教育研究の主体となる．以後私どもは，それまでのウシ，ヒツジにさらにウマを加えて，教育研究を行ってきている．実際，私ども北海道大学は教育研究のために，現在もなお200頭あまりのウシのほか，軽種系の乗用馬および北海道和種馬合わせて100頭あまりのウマを飼養している．ウシはさておき，ウマの飼養頭数ではわが国の大学のなかで最大であろう．

私自身は昭和63年から平成7年まで，こうしたウシ・ウマの大半を飼養していた北海道大学農学部附属牧場（現北海道大学北方生物圏フィールド科学センター静内研究牧場）の教官を務めていた．この牧場は学生時代の私どもがはじめて実習で乗馬訓練を受けた施設である．また，私が大学院の研究テーマとして放牧牛の行動研究を行っていた施設でもあり，私の実験を手伝ってくれた老練な作業馬「泉博」や「泉徳」に「ウマによるウシの追い方」を習ったところでもある．

牧場教官として赴任した私は，「畜牧体系学」として粗飼料主体の牛肉生産システムを追究する一方，当時の牧場長朝日田教授（現名誉教授）の勧めもあり，草食大家畜としてのウマを本学の教育研究に積極的に組み込んでいった．従来から北大牧場は学生実習でウマを活用しており，また，ウマの研究施設として故八戸教授（現名誉教授）の指導のもと，小栗博士や山本博士が世界で最初にウマの受精卵移植や凍結受精卵移植を成功させたという輝かしい歴史を誇る．これらを背景に，以後牧場ではウマについて行動学的，栄養学的追究のほか，学生を対象とした乗馬実習や調教実習が積極的に行われ，現在も続いている．本書のカバーにある和種馬は「水桜」というが，この調教実習ではじめて学生に調教させたウマの１頭である．

本書のタイトルは「ウマの動物学」であるが，すでにお気づきになっているように，各所でウシとウマの比較が行われている．先述のように，草食大家畜の飼養生産システムを教育研究の柱としている私どもとしては，ウマとウシの「草を食べて生きている２つの大動物」のちがいが，非常に興味深くおもしろいところである．こうした書き方が，畜産学を専攻している諸氏のみならず，一般の読者の方々にもおもしろく，また，理解しやすいかたちになっていれば望外の喜びである．

＊

本書を上梓するにあたり，たくさんの方々のお世話になった．紙面をお借りして，ここに心よりお礼申し上げる．貴重な資料をお貸しくださり，また，本書への掲載を許可くださった（財）馬事文化財団「馬の博物館」および同学芸員木村李花子博士（現東京農業大学教授）．働くウマや流鏑馬，ポロの写真をお貸しくださった（社）日本馬事協会および同協会津田宏氏．障害者乗馬について貴重な情報をお教えくださったばかりか，乗馬風景の写真掲載を「乗り手も喜びますよ」と許可くださった障害者乗馬インストラクター太田恵美子氏，スタッフおよび乗り手の皆様．種々の疑問点に気軽に答えていただいたJRA競走馬総合研究所の楠瀬良博士．ウマの栄養摂取のメカニズムや後腸における発酵，微生物相について有益なご助言をいただいた北海道大学大久保正彦教授（現名誉教授）および小林泰男助教授（現教授）．高校時代からの悪友であり，気鋭の栄養学者である石巻専修大学の坂田隆教授．お忙しいなか，原稿を査読くださった本シリーズ編者の東京大学林良博教授（現国立科学博物館館長），東北大学佐藤英明教授（現名誉教授）．怠惰な私に最後まで鞭を入れ続け，曲がりなりにも本書の上梓にいたらしめた東京大学出版会編集部の光明義文氏．また，前述のように恩師である朝日田康司名誉教授が背中を押してくださらなかったら，本書はありえなかったろう．先生は現在病床にあるが，ご回復を心からお祈りしている．

昭和20年8月15日，終戦の日に，当時東京帝国大学農学部大学院生であったK博士は，研究していたラバに関する研究データをすべて燃やした．軍事研究であったからだ．同じようなウマの研究者はたくさんいたにちがいない．また，この日を境にわが国のウマの飼養頭数は減少の一途をたどった．幸いなことに，最近わが国でもウマへの関心が高まり，その研究も少しずつ行われるようになってきている．本書がウマに関する関心をいっそう高めるための一助となるとともに，K博士らの無念の何分の一かを晴らすことができれば幸甚である．

近藤誠司

本書の初版が上梓した後，平成13（2001）年9月1日，恩師である朝日田康司先生が亡くなられた．謹んでご冥福を祈りたい．

第2版あとがき

本書初版第2刷のあとがきには，初版上梓後に恩師である朝日田康司先生が平成13（2001）年9月に亡くなられたことが記されている．私の年齢はあと少しでお亡くなりになられた朝日田先生と同い年になる．また初版の最後に記したK博士の死亡年齢にも間近になった．初版出版時に若手教授となったばかりであった私自身も，3年前に定年退職して名誉教授となっている．なにやら目眩（めくるめ）く思いである．

さて，このたび東京大学出版会編集部の光明義文氏のすすめにより第2版を出すことになった．初版から20年近くたっているが，基本的に構成や文脈は変えずに，いくつか書き改め，付け加えるかたちとした．この20年では「デレイフカのハミ」に関するいくつかの発見と誤りが大きなニュースであった．最新のウマ関係の研究では，ウマの筋肉組織の分解と合成に関する研究（松井2005）やゲノムワイドSNPによるウマの遺伝構造の解析（戸崎2017）がエポックであろう．文中に付け加えた雌ウマ主体の群れの構造や変化（Noda *et al.* 2015; Sato *et al.* 2015）も新たな地平を築くものだろう．ウマとヒトとの心理学的な局面に関する研究も目新しい（Koizumi *et al.*, 2017）．この方面については北海道大学文学部の瀧本彩花准教授が精力的にウマの心理学的研究を遂行しており，成果が待たれる．さらに京都大学のリングホーファー博士によるドローンを応用した半野生馬のハーレム内の雄雌馬の行動研究も期待される．

私は流鏑馬競技連盟の会長を仰せつかり，自信もおぼつかない技術ながら流鏑馬競技に出馬している．北海道和種馬保存協会の会長としての仕事も，もう少し続けなければならないだろう．一方では，初版で若手研究者として引用した諸賢はその後の活躍著しく，頼もしい限りである．

近藤誠司

引用文献

天田明男．1998. 馬のスポーツ医学．日本中央競馬会総合研究所，監修．アニマル・メディア社，東京．

Andersson, L. S. , M. Larhammar, F. H. Wootz, D. Schwochow, C . Rubbin, K. Patra, T. Arnason, L. Wellbring, G. Hjalm, F. Imsland, J. L. Petersen, M. E. McCue, J. R. Mickelson, G. Cothran, N. Ahituv, L. Roepstoff, S. Mikko, A. Vallsstedt, G. Lindgren, L. Andersson and K. Kullandander. 2013. Mutations in *DMRT3* affect locomotion in horses and spinal circuit function in mice. Nature 488: 642-646.

Anthony, D. W. 1986. The 'Kurgan Culture', Indo-European origins, and the domestication of the horses. Current Anthropology 27: 291-313.

アンソニー，D. W. 2018. 東郷えりか，訳．馬・車輪・言語——文明はどこで誕生したか？．筑摩書房，東京．Anthony, D. W. 2007. The Horse, The Wheel, and Language: How Bronze-Age Riders from the Eurasian Stepps Shaped the Modern World. Princeton University Press, Princeton.

朝日田康司．1997. 羊・山羊の行動．（三村　耕，編：改訂版家畜行動学）pp. 187-206. 養賢堂，東京．

Barkley, H. B. 1980. The Role of Horse in Man's Culture. J. A. Allen, London.

Berger, J. 1977. Organizational systems and dominance in feral horses in the Grand Canyon. Behav. Ecol. Sociobiol. 2: 131-146.

Bjarnason, V. and O. Gudmundsson. 1986. Effect of some environmental factors and stocking density on the performance of sheep, cattle and horses grazing drained bog pastures. *In*:（O. Gudmundsson ed.）Grazing Research at Northern Latitudes. pp. 129-140. Plenum, London.

ブレイク，M. 1991. 松本剛史，訳．ダンス　ウィズ　ウルブズ．文藝春秋社，東京．Blake, M. 1988. Dance with Wolves. William Morris Agency, New York.

Bramble, D. M. and D. R. Carrier. 1983. Running and breathing in mammals. Science 219: 251-256.

バドラス，K. D.・S. ローク・橋本善春．1997. 馬の解剖アトラス．日本中央競馬会弘済会，東京．

クラットン-ブロック，J. 1989. 増井久代，訳・増井光子，監訳．動物文化史事典．原書房，東京．Clutton-Brock, J. 1981. Domesticated Animals. British

Museum, London.

クラットン-ブロック, J. 1997. 清水雄次郎, 訳・桜井清彦, 監訳. 馬と人の文化史. 東洋書林, 東京. Clutton-Brock, J. 1992. Horse Power. The Natural History Museum, London.

コルバート, E. H. 1972. 田隅本生, 訳. 脊椎動物の進化. 築地書館, 東京. Colbert, E. H. 1955. Evolution of the Vertebrates. Wiley-Liss, New York.

Crosby, A. W. 1972. The Columbian Exchange: Biological and Cultural Consequences of 1942. Greenwood Press, Connecticut.

Crowell-Davis, S. L. and A. B. Caudle. 1989. Coprophagy by foals: recognition of maternal feces. Appl. Anim. Behav. Sci. 24: 267–272.

大日本農会. 1979. 日本の鎌・鍬・犁. 農政調査委員会, 東京.

デムベック, H. 1979. 小西正泰・渡辺　清, 訳. 動物の文化史2. 家畜のきた道. 築地書館, 東京. Dembeck, H. 1966. Animals and Men. Nelson, London.

Dixon, J. 1970. The horse: a dumb animal ? … neigh ! Thoroughbred Rec. 192: 1654–1657.

江幡春雄・近藤誠司・大久保正彦. 2000. 北海道におけるホーストレッキングの現状と課題. 日本ウマ科学会第12回学術集会講演要旨.

エドワーズ, E. H. 1995. 楠瀬　良, 監訳. アルティメイテッドブック 馬. 緑書房, 東京. Edwards, E. H. 1991. The Ultimate Horse Book. Dorling Kindersley, London.

江上波夫. 1976. 騎馬民族国家——日本古代史へのアプローチ. 中央公論社, 東京.

エリス, J. 2008. 機関銃の社会史. 平凡社, 東京. Ellis, J. 1975. The Social History of the Machine Gun. Cambell Thomson & McLaughlin, London.

ブライアン・フェイガン, B. 2016. 東郷えりか, 訳. 人類と家畜の世界史. 河出書房新社, 東京. Fagan, B. 2015. The Intimate Bond: How Animals shaped Human History. Bloomsbury Publishing, London.

フィリス, J. 1993. 遊佐幸平, 訳・荒木雄豪, 編. フィリス氏の馬術. 恒星社厚生閣, 東京. Fillis, J. 1890. Principes de dressage et d'equitation. E. Flammarion, Paris.

Frank, D. J. 2005. The Mustangs. Bison Books, Winnipeg.

Fraser, A. F. 1992. The Behaviour of the Horse. CAB International, Wallingford.

藤原辰史. 2017. トラクターの世界史——人類の歴史を変えた「鉄の馬」たち. 中央公論社, 東京.

Giebl, H. D. 1958. Visuelles Lernvermoergen bei Einhufern. Zool. Jb. 67: 487–520.

グールド，S. J. 1984. 浦本昌紀・寺田　鴻，訳．ダーウィン以来——進化論への招待(上)(下)．早川書房，東京．Gould, S. J. 1977. Ever since Darwin. W. W. Norton, New York.

Gudmundsson, O. and O. R. Helgadottir. 1980. Mixed grazing on lowland bog in Iceland. *In*：(T. Nolan and J. Connonlly eds.) Proceedings of a Workshop on Mixed Grazing. pp. 20-31. Galway, Iceland.

グウイン，S. C. 2012. 森夏樹，訳．史上最強のインディアン——コマンチ族の興亡．青土社，東京．Gwynne, S. G. 2010. Empire of the Summer Moon. Scribner, New York.

Hancock, J. 1953. Grazing behaviour of cattle. Anim. Breed. Abs. 21: 1-13.

埴原和郎．1988. 渡来人の総数は百万人規模．科学朝日 48: 22-25.

ハリス，M. 1994. 板橋作美，訳．食と文化の謎．岩波書店，東京．Harris, M. 1985. Good to Eat, Riddles of Food and Culture. Simon & Schuster, New York.

林　良博．1999. 検証アニマルセラピー．講談社，東京．

林田重幸．1957. 中世日本の馬について．日畜会報 28: 301-306.

林田重幸．1968. 本邦家畜の起源と系統．(日本民族と南方文化) pp. 329-334. 平凡社，東京．

Hediger, H. 1955. The Psychology and Behaviour of Animals in Zoos and Circuses. Dover Publications, New York.

Hintz, H. F. and N. F. Cymbaluk. 1994. Nutrition of the horses. Ann. Rev. Nutri. 14: 243-267.

平田　寛．1976. 失われた動力文化．岩波書店，東京．

北海道開発局．1983. 人工林地の畜産的利用計画．草地開発事業計画資料．

北海道農務部．1985. 混牧林利用指針．北海道道庁．

星野貞夫．1987. ヒトの栄養，動物の栄養．大月書店，東京．

Houpt, K. A. 1991. Domestic Animal Behavior, for Veterinarians and Animal Scientists. Iowa State University Press, Ames.

Hoyt, D. E. and C. R. Taylor. 1981. Gait and the energetics of locomotion in horses. Nature 292: 239-240.

稲葉弘之・河合正人・植村　滋・秦　寛・近藤誠司・大久保正彦．1998. 北海道和種馬の夏季林間放牧地における採食植物種．北海道大学農学部演習林研究報告 55: 18-30.

稲葉久雄．1999. 祭りにみるウマと人間のかかわり．(人と家畜のかかわりの理念に関する検討会報告書) pp. 95-100. ヒトと動物の関係学会，東京．

加茂義一．1973. 家畜文化史．法政大学出版局，東京．

金子常規．2013. 兵器と戦術の世界史．中央公論社，東京．

Kaseda, K., K. Nozawa and K. Mogi. 1984. Separation and independence of off springs from the harem groups in Misaki horses. Jpn. J. Zootech. Sci. 55: 852-857.

Kaseda, K., A. M. Ashraf and H. Ogawa. 1995. Harem stability and reproductive success of Misaki feral horses. Equine vet. J. 27: 368-372.

Kaseda, K. and A. M. Ashraf. 1996. Harem size and reproductive success of stallions in Misaki feral horses. Appl. Anim. Behav. Sci. 47: 163-173.

加世田雄時朗・黒木正雄．1980. 最近7カ年間の御崎馬の頭数の動態．宮大農報 27: 15-19.

加世田雄時朗・野澤　謙．1996. 御崎馬における父娘交配とその回避機構．日畜会報 67: 996-1002.

河合正人．2000. ウマによる粗飼料の利用性について——北海道和種馬の採食量および消化率．栄養生理研報 44: 31-40.

河合正人．2001. 林間放牧地における北海道和種馬の採食量および消化率．日草誌 47: 204-211.

Kawai, M., K. Juni, T. Yasue, K. Ogawa, H. Hata, S. Kondo, M. Okubo and Y. Asahida. 1995. Intake, digestibility and nutritive value of *Sasa nipponica* in Hokkaido native horses. Jpn. J. Equine Sci. 6: 121-125.

河合正人・十二邦子・安江　健・小川貴代・近藤誠司・大久保正彦・朝日田康司．1996. 北海道和種馬における Cr_2O_3 と酸不溶性灰分（AIA）の回収率および糞中濃度の経時変化．北海道畜産学会報 38: 72-76.

Kawai, M., S. Kondo, M. Okubo and Y. Asahida. 1996. Dry matter intake and digestibility of grazing native horses on woodland and improved pasture in northernmost Japan. Proc. 8th AAAP Animal Science Congress 2: 280-281.

河合正人・近藤誠司・秦　寛・大久保正彦．1997. 冬季林間放牧地における北海道和種成雌馬のミヤコザサ（*Sasa nipponica*）採食量および採食時間．北海道畜産学会報 39: 21-24.

Kawai, M., T. Yasue, K. Ogawa, S. Kondo, M. Okubo and Y. Asahida. 1997. The growth of Hokkaido native horses kept outdoors all year round from birth to 100 months of age. Res. Bull. Livestock Farm, Fac. Agric. Hokkaido Univ. 16: 11-17.

Kawai, M., H. Inaba, S. Kondo, H. Hata and M. Okubo. 1999. Comparison of intake, digestibility and nutritive value of *Sasa nipponica* in Hokkaido native horses on summer and winter woodland pasture. Grassland Sci. 45: 15-19.

Kawai, M., H. Ono, Y. Yamamoto and S. Matsuoka. 2005. Effect of snow depth on intake and grazing behavior of Hokkaido native horses in winter woodland. Pro. 39th International Congress of ISAE, P163, Tokyo.

Kiley-Worthington, M. 1987. The Behaviour of Horses: In relation to Their Training and Management. J. A. Allen, London.

Kimura, R. 1998. Mutual grooming and preferred associate relationships in a band of free-ranging horses. Appl. Anim. Behav. Sci. 59: 265–276.

木村李花子．1999. 馬と人との関係――第３期「コミュニケーション」の時代．（人と家畜のかかわりの理念に関する検討会報告書）pp. 17–26. ヒトと動物の関係学会，東京．

Kimura, R. 2000. Relationship of the type of social organization to the scent-marking and mutual-grooming behaviours in Grevy's (*Equus grevyi*) and Grant's Zebras (*Equus burchelli bohmi*). J. Equine Sci. 11: 91–98.

鬼頭秀一．1996. 自然保護を問いなおす――環境論理とネットワーク．筑摩書房，東京．

Koizumi, R., T. Mitani, K. Ueda, S. Kondo. 2017. Skill reading of human social cues by horses (*Equus caballus*) reared under year-round grazing conditions. Anim. Behav. Manage. 53: 69–78.

近藤誠司．1987. 牛群の行動適応に関する研究．北海道大学農学部邦文紀要 15: 192–233.

近藤誠司．2009. 流鏑馬と流鏑馬競技．Hippophile 35: 6–14.

Kondo, S. 2010. Recent progress in the study of behavior and management in grazing cattle. Anim. Sci. J. 82, 26–35.

近藤誠司．2012. 北海道和種馬――その成立と現在．Hippophile 48: 13–23.

Kondo, S., N. Kawakami, H. Kohama and S. Nishino. 1984. Changes in activity, spatial pattern and social behavior in calves after grouping. Appl. Anim. Ethol. 11: 217–228.

Kondo, S., T. Yasue, K. Ogawa, M. Okubo and Y. Asahida. 1994. Native horse production in woodland pasture and grassland of Hokkaido, northernmost Japan. *In*: (Li Bo ed.) Proceedings of the International Symposium on Grassland Resources. pp. 1145–1149. China Agriculture Scientech Press, Beijing.

近藤誠司・新宮裕子・稲葉弘之・西道由紀子・鈴木知之・大久保正彦．2001. クマイザサ（*Sasa senanensis*）優占林地に放牧した北海道和種馬の行動と植生の変化．北海道草地研究会報 35: 34–38.

近藤誠司・田中美穂．2011. ホースセラピー，特に RDA Japan の活動を中心に．畜産の研究 65: 23–28.

近藤誠司・寺岡輝朝．2015. 和種馬に乗る誇り　第２章　昔の馬．（日本人と馬　対談集）pp. 136–163. 東京農業大学出版会，東京．

小竹森訓央・近藤誠司・朝日田康司．1993. 牧草多給飼育によるヘレフォード種の子牛生産と哺乳成績．日本草地学会誌 39: 108–110.

小竹森訓央・斎藤博幸・近藤誠司．1996. 牧草多給によるヘレフォード牛の哺育育成（1）2夏放牧方式による去勢肥育素牛生産．北海道畜産学会報 38: 69-71.
楠瀬　良．1990. やさしい馬学——馬の生物学，ダービースペシャル．優駿 50: 110-111.
楠瀬　良．1997. 馬の行動．（三村　耕，編：改訂版家畜行動学）pp. 169-185. 養賢堂，東京．
楠瀬　良・畠山　弘・久保勝義・木口明信・朝井　洋・藤井良和・伊藤克己．1985. 育成期の馬の至適放牧地条件 1. 放牧地の面積がサラブレッド種育成馬の行動に及ぼす影響．日競研報 22: 1-7.
楠瀬　良・畠山　弘・市川文克・久保勝義・木口明信・朝井　洋・伊藤克己．1986. 育成期の馬の至適放牧地条件 2. サラブレッド種育成馬の行動からみた至適放牧頭数．日競研報 23: 1-6.
楠瀬　良・畠山　弘・市川文克・沖　博憲・朝井　洋・伊藤克己．1987. 育成期の馬の至適放牧地条件 3. サラブレッド種育成馬の行動からみた放牧地形状の得失．日競研報 24: 1-5.
Lechner-Doll, M., I. D. Hume and R. R. Hofmann. 1995. Comparison of herbivore forage selection and digestion. *In*:（J. Journet, E. Grenet, M.-H. Frace, M. Theriez and C. Demarquilly eds.）Recent Developments in the Nutrition of Herbivores. pp. 231-248. INRA Editors, Versailles Codex.
ローレンツ，K. 1985. 日高敏隆・久保和彦，訳．攻撃——悪の自然誌．みすず書房，東京．Lorenz, K. 1963. Das Sogenannte Bose Zur Naturgeschichte der Aggression. Dr. G. Borotha-Schoeler Verlag, Wien.
松本久喜．1948. 農学ライブラリー 2. 在来馬．北方出版社，札幌．
松井朗．2005. 競走馬の大腿筋タンパク質の合成および分解速度に関する研究．北海道大学博士論文．
Matsuura, A., K. Masumura, Y. Chiba, H. Nakatsuji and S. Kondo. 2005. Analysis of the rhythmical movements of both horse and the rider using accelerometer. Anim. Behav. Manage. 41: 5-11.
Matsuura, A., E. Ohta, K. Ueda, H. Nakatsuji and S. Kondo. 2008. Influence of equine conformation on rider oscillation and evaluation of horses for therapeutic riding. J. of Equine Sci. 19: 9-18.
マクニール，W. H. 2014. 高橋　均，訳．戦争の世界史——技術と軍隊と社会．中央公論社，東京，McNeil, W. H. 1982. The Pursuit of Power: Technology, Armed Force, and Society since A. D. 1000. The Universitry of Chicago Press, Chicago.
Meyer, H. 1986. Pferdefuetterung. Verlag Paul Parey, Berlin.
Micol, D. and W. Martin-Rosset. 1995. Feeding systems for horses on high for-

age diets in the temperate zone. *In*:（J. Journet, E. Grenet, M.-H. Frace, M. Theriez and C. Demarquilly eds.）Recent Developments in the Nutrition of Herbivores. pp. 569-584. INRA Editors, Versailles Codex.

Mils, D. and K. Nankervis. 1999. Equine Behaviour: Principles and Practice. Blackwell Science, Osney Mead.

Miyaji, M., K. Ueda, H. Hata and S. Kondo. 2014. Effect of grass hay intake on fiber digestion and digesta retention time in the hindgut of horses. J. Anim. Sci. 92: 1574-1581.

モリス，D. 1989. 渡辺政隆，訳．競馬の動物学．平凡社，東京．Morris, D. 1988. Horse Watching. Jonathan Cape, London.

本川達雄．1993. ゾウの時間ネズミの時間――サイズの生物学．中央公論社，東京．

Nagata, Y. and K. Kubo. 1983. Grazing behavior and heart rate of growing Thoroughbred. Proc. 5th World Conf. Anim. Prod. 2: 807-808.

中村富美男・後藤　麗・田中浩子・梅津幸子・塙　友之・秦　寛・福永重治．2000. 北海道和種馬浅指屈筋腱の加齢に伴う変化．北海道畜産学会報 42: 29-34.

National Research Council（NRC）. 1989. Nutrient Requirement of Horses. 5th ed. National Academy Press, Washington, D. C.

日本中央競馬会競走馬総合研究所．1997. 馬の医学書．チクサン出版社，東京．

日本中央競馬会競走馬総合研究所．1998. 軽種馬飼養標準．アニマル・メディア社，東京．

Noda, H., S. Tada, T. Mitani, K. Ueda and S. Kondo. 2015. Relationship between flight distance of mare and foal to human in Hokkaido native horse. Proc. of the 49th Congress of the ISAE, P103, Sapporo Hokkaido.

野村晋一．1986. 概説馬学．新日本教育図書，東京．

農林省林業試験場．1965. 混牧林経営に関する基礎的研究．林試研報 173: 1-43.

野澤　謙．1992. 東亜と日本在来馬の起源と系統．Jpn. J. Equine Sci. 3: 1-18.

輿村禎吉．1930. アルゼンティンの農業．成美堂書店，東京．

Olsen, S. L. 1989. Solutre: a theoretical approach to the reconstruction of Upper Paleolithic hunting strategies. J. Human Evol. 18: 295-327.

長内光弘．1990. ドサンコの駄載力テスト．ホースメイト 11: 27-28.

Perez, R., S. Valenzuela, V. Merino, I. Cabezas, M. Garcia, R. Bou and P. Ortiz. 1996. Energetic requirements and physiological adaptation of draught horses to ploughing work. J. Anim. Sci. 63: 343-351.

Riemersma, D. J., H. C. Schamhardt, W. Hartman and J. L. M. A. Lammertink. 1988. Kinetics and kinematics of the equine hindleg. *In vivo* tendon loads and force plate measurements in ponies. Am. J. Vet. Res. 49: 1344-1352.

Sato, F., S. Tada, T. Mitani, K. Ueda and S. Kondo. 2015. Structure of subgroup in mares and foals in a herd of reproductive horse and formation change of subgroup in weaned foals. Proc. of the 49th Congress of the ISAE, P123, Sapporo Hokkaido.

佐藤衆介・近藤誠司・田中智夫・楠瀬　良．2011. 動物行動図説．朝倉書店，東京．

佐藤美子．2000. オマーン王室厩舎の純血アラブ馬．ホースメート 30: 51–55.

Scott, J. P. 1956. The analysis of social organization in animals. Ecology 37: 213–221.

Sekine, J., T. Fujikawa and R. Oura. 1991. The particle size distribution in faeces and digesta of some herbivores. Proc. 3rd International Symposium on the Nutrition of Herbivores. p. 31.

謝　成俠．1959. 中国養馬史．科学出版社，北京．

謝　成俠．1977. 千田英二，訳．中国養馬史．日本中央競馬会弘済会，東京．

シートン，E. T. 1976. 瀧口直太郎，訳．だく足の野生馬（シートン動物記 5）．評論社，東京．Seton, E. T. 1898. The Pacing Mustang. Charles E Tuttle, Rutland.

シンプソン，G. G. 1989. 原田俊治，訳・長谷川善和，監修．馬と進化．どうぶつ社，東京．Simpson, G. G. 1951. Horses: The Story of the Horse Family in the Modern World and through Sixty Million Years of History. Oxford University Press, London.

新宮裕子・稲葉弘之・秦　寛・近藤誠司・大久保正彦．2000. 乾草給与時における北海道和種馬とサラブレッド系馬の自由採食量および採食行動の比較．北海道畜産学会報 42: 63–66.

Shingu, Y., M. Kawai, H. Inaba, S. Kondo, H. Hata and M. Okubo. 2000. Voluntary intake and behavior of Hokkaido native horses and light half-bred horses in woodland pasture. J. Equine Sci. 11: 69–73.

Shingu, Y., S. Kondo, H. Hata and M. Okubo. 2001. Digestibility and number of bites and chews on hay a fixed level in Hokkaido native horses and light half-bred horses. J. Equine Sci. 12: 145–147.

Shingu, Y., S. Kondo and H. Hata. 2010. Differences in grazing behavior of horses and cattle at the feeding station scale on woodland pasture. Anim. Sci. J. 81: 384–392.

新村　出，編．1998. 広辞苑［第 5 版］．岩波書店，東京．

Snow, D. H. and S. J. Valberg. 1994. Muscle anatomy, physiology, and adaptations to exercise and training. *In*: (D. R. Hodgson and R. J. Rose eds.) The Athletic Horse. pp. 145–179. W. B. Saunders, Philadelphia.

高倉浩樹．1999. 焼き印，あるいは淘汰される馬――シベリア，北部ヤクーツクの馬飼育における「馬群」再生産過程とその管理．東京都立大学人文学報 299: 37-67.
田中美穂．2001. 障害者乗馬におけるレッスンプログラムの行動学的解析．北海道大学大学院農学研究科修士論文．
武市銀治郎．1999. 富国強馬——ウマからみた近代日本．講談社，東京．
徳力幹彦．1991. ウマの歩行運動の解析．Jpn. J. Equine Sci. 2: 1-10.
戸崎晃明．2017. ゲノムワイド SNP による日本在来馬の遺伝的構造および系統解析．第 30 回日本ウマ科学会講演要旨．
鶴谷　壽．1989. カウボーイの米国史．朝日新聞社，東京．
上田純治・三浦　圭・山田文啓・秦　寛．2013. 北海道和種馬における側対歩遺伝子の多型について．第 2 回北海道畜産草地学会講演要旨．
上田八尋・仁木陽子・吉田光平・益満宏行．1981. 床反力による馬の運動解析——正常歩様馬の床反力．日競研報 18: 28-41.
植竹勝治．1999. 乳牛の視聴覚認知と学習を利用した群管理技術に関する研究．北海道農業試験場研究報告 170: 9-43.
植竹伸太郎．1984. 馬を食う．銀河書房，長野．
ウィルソン，E. O. 1999. 坂上昭一ほか，訳・伊藤嘉昭，監訳．社会生物学．新思索社，東京．Wilson, E. O. 1980. Sociobiology. Harvard University Press, Cambridge.
ワゴナー，D. M. 1982. 原田俊治，訳．馬の遺伝学と選抜方法．日本中央競馬会（馬事部），東京．Wagoner, D. M. 1978. Equine Genetics and Selection Procedures. Equine Research Publications, New York.
Waring, G. H. 1983. Horse Behavior. Noyes Publications, Park Ridge.
横山章光．1996. アニマル・セラピーとは何か．日本放送出版協会，東京．
ズーナー，F. E. 1983. 国分直一・木村伸義，訳．家畜の歴史．法政大学出版局，東京．Zeuner, F. E. 1963. A History of Domesticated Animals. Hutchinson, London.

事項索引

[ア行]

[カ行]

[サ行]

［タ行］

[ナ行]

[ハ行]

[マ行]

[ヤ行]

[ラ行]

[ワ行]

生物名索引

[ハ行]

[マ行]

[ヤ行]

[ラ行]

[編者紹介]

林　良博（はやし・よしひろ）

1946年　広島県に生まれる.
1969年　東京大学農学部卒業.
1975年　東京大学大学院農学系研究科博士課程修了.
　　　　東京大学大学院農学生命科学研究科教授，東京大学総合研究博物館館長，山階鳥類研究所所長，東京農業大学教授などを経て，
現　在　国立科学博物館館長，東京大学名誉教授，農学博士.
専　門　獣医解剖学・ヒトと動物の関係学.「ヒトと動物の関係学会」を設立，初代学会長を務め，「ヒトと動物の関係学」の研究・普及・教育に尽力する.
主　著　『イラストでみる犬学』（編，2000 年，講談社），「ヒトと動物の関係学［全 4 巻］」（共編，2008-2009 年，岩波書店）ほか.

佐藤英明（さとう・えいめい）

1948年　北海道に生まれる.
1971年　京都大学農学部卒業.
1974年　京都大学大学院農学研究科博士課程中退.
　　　　京都大学農学部助教授，東京大学医科学研究所助教授，東北大学大学院農学研究科教授，紫綬褒章受章，日本学士院賞受賞，家畜改良センター理事長などを経て，
現　在　東北大学名誉教授，農学博士.
専　門　生殖生物学・動物発生工学. 体細胞クローンや遺伝子操作など家畜のアニマルテクノロジーを研究テーマとする.
主　著　『動物生殖学』（編，2003 年，朝倉書店），『アニマルテクノロジー』（2003 年，東京大学出版会）ほか.

眞鍋　昇（まなべ・のぼる）

1954年　香川県に生まれる.
1978年　京都大学農学部卒業.
1983年　京都大学大学院農学研究科博士課程研究指導認定退学.
　　　　日本農薬株式会社研究員，パスツール研究所研究員，京都大学農学部助教授，東京大学大学院農学生命科学研究科教授などを経て，
現　在　大阪国際大学学長補佐教授，日本学術会議会員，東京大学名誉教授，農学博士.
専　門　家畜の繁殖，飼養管理，伝染病統御，放射性物質汚染などにかかわる研究の成果を普及させて社会に貢献することに尽力している.
主　著　『卵子学』（分担執筆，2011 年，京都大学学術出版会），『牛病学　第 3 版』（編，2013 年，近代出版）ほか.

[著者紹介]

近藤誠司（こんどう・せいじ）

1950年　京都市に生まれる．
1975年　北海道大学農学部卒業．
1977年　北海道大学大学院農学研究科修士課程修了．
　　　　酪農学園大学講師，北海道大学大学院農学研究科助教授，
　　　　同教授などを経て，
現　在　北海道大学総合博物館資料部研究員，北海道大学名誉教授，
　　　　農学博士．
専　門　家畜行動学．ウマ・ウシなどの草食大家畜の行動学的研究
　　　　を通して，家畜の生産システムについて研究する．遊牧，
　　　　林間放牧，時間制限放牧など，さまざまなタイプの放牧シ
　　　　ステムの研究を展開中である．
主　著　『乳牛の行動と群管理』（1998年，酪農総合研究所），『動
　　　　物行動図説』（共編，2011年，朝倉書店）ほか．

アニマルサイエンス①

ウマの動物学［第2版］

2001年7月10日　初　版第1刷
2019年7月10日　第2版第1刷

［検印廃止］

著　者　近藤誠司

発行所　一般財団法人　東京大学出版会

代表者　吉見俊哉

〒153-0041　東京都目黒区駒場 4-5-29
電話　03-6407-1069　Fax 03-6407-1991
振替　00160-6-59964

印刷所　株式会社三秀舎
製本所　誠製本株式会社

ISBN 978-4-13-074021-0 Printed in Japan